Die schönsten Traktor-Klassiker

DEUTZ
K HD 553

BIBLIOTHEK DER TRAKTOREN – BAND 6

Udo Paulitz

Die schönsten Traktor-Klassiker

Technik-Ikonen der Nachkriegszeit

Impressum

Redaktion: Martin Distler
Layoutanpassung: Azurmedia, Augsburg
Covergestaltung: Coverdesign Uhlig
Herstellung: Anna Katavic
Printed in Slovenja by Florjančič tisk d.o.o.

Bildnachweis:
Alle Bilder stammen, sofern nichts anderes angegeben, vom Verfasser.

Genehmigte Sonderausgabe 2011

ISBN 978-3-86245-666-6

Inhalt

Die Branche im Wandel

Kritische 60er-Jahre

Die sich gegen Ende der 50er-Jahre bereits abzeichnende Entwicklung auf dem deutschen Schleppermarkt setzte sich verstärkt auch in den folgenden Jahren fort. Auf dem kleiner werdenden Absatzmarkt kämpften die Hersteller stärker denn je um ihre Anteile. Das anfangs noch recht zögerliche, trotzdem bereits sichtbar zu beobachtende Vordringen ausländischer Unternehmen verstärkte sich ebenfalls. Im vergangenen Jahrzehnt war die Landwirtschaft dem vorgegebenen Ziel der Vollmechanisierung schon recht nahe gekommen. Binnen dieser Zeit war die Zahl der in der Bundesrepublik vorhandenen Schlepper auf etwa 855.000 Fahrzeuge angestiegen. 1950 dagegen waren es erst 178.000 gewesen. Zahlreiche technische Errungenschaften wie die zum Arbeiten mit gezogenen Mähdreschern und Vollerntemaschinen unerlässliche Motorzapfwelle mit Doppelkupplung, die genormte Dreipunkthydraulik, die Fernbedienung des Traktors ohne aufsitzen zu müssen, Regelhydraulik, Achsdruckverstärkung, Getriebe mit immer zahlreicheren Abstufungen bis hin zu Vierradantrieb, Lenkhydraulik und Knicklenkung waren bereits zur Selbstverständlichkeit geworden oder setzten sich in den kommenden Jahren durch. Bei der Triebwerkstechnik erfolgte der allmähliche Übergang von den herkömmlichen Schubradschaltgetrieben zu wesentlich leichter zu schaltenden Klauenschaltgetrieben und der noch moderneren Stift- oder Bolzenschaltung. Diese sogenannten Leichtschaltgetriebe waren Entwicklungsstufen, die zur späteren Vollsynchronisation führten. Der Weg der Motorentechnik war von Vorkammer- über Wirbelkammer- zu direkteinspritzenden Dieselmotoren gegangen. Dabei wurde der Trend zu immer höherer Leistung und zu mehrzylindrigen Motoren immer ausgeprägter. Auf Vorgaben des Gesetzgebers, in diesem Fall der landwirtschaftlichen Berufsgenossenschaft, ging die ab 1970 vorgeschriebene Ausrüstung mit Blinkanlagen sowie mit Umsturzbügel oder Sicherheitsrahmen zurück.

Bereits 1954 war erstmals die Zahl der neu zugelassenen Kleinschlepper bis 15 PS Motorleistung geringfügig zurückgegangen. Zu Beginn der 60er-Jahre spielten diese einstmals für die Nachkriegsmotorisierung so wichtigen kleinen Bauernschlepper kaum mehr eine Rolle. Bei fast allen Herstellern verschwanden sie mit der Zeit aus den Verkaufslisten. Der Ruf nach mehr PS und damit immer stärkeren Traktoren war keineswegs geringer geworden. Ganz im

Unter dem zugkräftigen Slogan „Schlüter baut die großen Vier" propagierte der Freisinger Hersteller ab 1964 seine neue, aus Halbrahmenmodellen mit 34, 42, 56 und 80 PS Motorleistung bestehende Schlepperreihe. Die lange, gedrungene und mit einem tiefen Schwerpunkt ausgestattete Bauweise dieser Traktoren verhieß nicht nur Kraft, diese war auch vorhanden. Mit diesem Programm hatte die Firma Schlüter – unter bewusstem Verzicht auf kleinere Modelle – einen für das kommende Jahrzehnt richtungsweisenden Vorstoß in die PS-starke Leistungsklasse unternommen. Hier ein allradgetriebener S 650 V mit 56 PS vor einem gezogenen Fahr-Mähdrescher.

Eine wichtige Rolle während der 60er-Jahre spielten auch die roten Schlepper der seit 1962 ins Leben gerufenen G-Modellreihe der Aschaffenburger Güldner-Werke. Die mit den luftgekühlten Kurzhub-Dieseln der neuen Motorbaureihe L 79 ausgerüsteten Traktoren glänzten nicht nur qualitativ, sondern auch formal durch ihre zeitlos schöne Linienführung. Hier das seit 1965 angebotene stärkste Fahrzeug G 75 A, ein Spitzenprodukt, das über einen abschaltbaren Allradantrieb verfügte.

Gegenteil, denn hatte sich die durchschnittliche Motorleistung eines Ackerschleppers zur Mitte der 50er-Jahre um etwa 25 PS bewegt, pendelte sich diese gut fünf Jahre später bereits bei 35 bis 40 PS ein. Und das bei steigender Tendenz. Der mit einem luftgekühlten Dreizylinder-Diesel ausgerüstete Typ D 40 L von Deutz wurde damals sozusagen zum Synonym für einen guten Schlepper dieser Klasse, bei dem Preis, Leistung, Gewicht und Ausstattungsmerkmale in einem idealen Verhältnis zueinander standen. Es war der in diesen Jahren am stärksten nachgefragte Schlepper in der Bundesrepublik. Fast überall war bei den Landwirten ein verändertes Kaufverhalten zu beobachten. Genügten noch vor nicht allzu langer Zeit vier oder fünf Gänge, Getriebezapfwelle und Riemenscheibe, wurden mittlerweile hydraulischer Dreipunkt-Kraftheber, Motorzapfwelle, neuzeitliche Getriebe und viele andere Attribute moderner Landtechnik verlangt. Kleine Anbieter waren hiermit eindeutig überfordert, zumal sie nur selten die immer höheren Entwicklungskosten für die technisch ständig anspruchsvoller werdenden Fahrzeuge aufbringen konnten. Um dem zunehmenden Konkurrenzdruck standhalten zu können, waren die Hersteller verstärkt zu kostensparenden Rationalisierungsmaßnahmen im Fertigungsbereich gezwungen. Immer häufiger erschienen Traktor- und Motorbaureihen, bei denen möglichst viele Baukomponenten untereinander austauschbar waren. Nebenbei führte dieses als Baukastensystem bezeichnete Verfahren zu einem erheblichen Rückgang der zu bevorratenden Teile und damit zu Kosteneinsparungen auf dem Sektor der Material- und Lagerwirtschaft.

Während Ende der 50er-Jahre die stärksten deutschen Schleppermodelle nur höchst selten die 60-PS-Marke überschritten, kam es bereits fünf Jahre später zum Bau der ersten Großschlepper. Dabei spielte die Motorenfabrik Anton Schlüter in Freising eine Vorreiterrolle. Angesichts der drohenden Krise auf dem Schleppermarkt begann dieses mittelständische, sehr qualitätsbezogene Unternehmen – wie alle Herstellerbetriebe – sich Gedanken über die zukünftige Modellpolitik zu machen. Heraus kam eine völlige Neuorientierung. Man entschied, konsequent auf leistungsstarke Traktoren mit großvolumigen Motoren zu setzen. Die Einstiegsmodelle begannen erst bei 30 PS; den Markt der kleineren Leistungsklassen überließ man ganz bewusst den Mitbewerbern. Zu dieser Zeit wurde von der Firmenwerbung der Begriff der „bärenstarken" Traktoren geprägt. 1964 präsentierten die Schlüter-Werke ihr Erstlingswerk, das 80 PS starke Modell S 900, dessen Stückzahlen aber noch bescheiden blieben. Andere Hersteller wie Deutz, Eicher, Hanomag, Fendt und Güldner zogen aber schnell nach. Als sich der Trend zum Großschlepper allgemein durchsetzte, hatten auch die Großserienhersteller diese Marktlücke entdeckt. Hauptverantwortlich für diese Entwicklung, bei der die magische Marke von 100 PS bald erreicht werden sollte, waren die immer leistungsfähigen und größen Anbau- und Zapfwellengeräte, für deren Betrieb zwangsläufig höhere Motorleistungen nötig waren.

Seit dem Zulassungsrekord des Jahres 1955 war der deutsche Schleppermarkt von einem ständigen Schrumpfungsprozess geprägt. Waren es im Jahr 1960 immerhin noch 88.864 in der Bundesrepublik neu zugelassene Traktoren, so sank deren Zahl bis 1970 auf 66.064 Stück. Die jährlichen Zulassungen sollten in den folgenden Jahren aber noch erheblich stärker fallen und sich erst ab etwa 1985 auf ein Volumen von rund 30.000 Schleppern im Jahr einpendeln. Diese Entwicklung hatte eine weitere Konzentration auf eine immer geringere Zahl an Mitbewerbern in dieser Branche zur Folge. Jetzt waren auch große und namhafte Hersteller davon betroffen. Viele Anbieter mussten den unrentabel gewordenen Traktorenbau aufgeben, gingen in Konkurs oder suchten sich neue Betätigungsfelder. Manche suchten in der gegenseitigen Kooperation einen Ausweg aus Kostendruck und Krise. Schon in den späten 50er-Jahren war es zu einer Zusammenarbeit zwischen Fahr und Güldner gekommen. Fahr geriet bald darauf in finanzielle Turbulenzen und musste auf eine Minderbeteiligung von Deutz eingehen. Diese Maßnahme bedeuteten für Fahr die Aufgabe des Schlepperbaus und der Kooperation mit Güldner. Güldner wiederum schuf die berühmte G-Traktorreihe, war aber zum Ende des Jahrzehnts dem enorm gestiegenen Kostendruck nicht mehr gewachsen und zog sich aus der Branche zurück. Zu Beginn der 60er-Jahre mussten MAN und Porsche aufgeben. Die MAN hauptsächlich deshalb, weil im stärker nachgefragten Lastwagenbau im Vergleich zum schlecht einschätzbaren Schleppermarkt ungleich höhere Gewinne zu erwarten waren. Porsche hingegen wurde Opfer einer verfehlten Modellpolitik, die mit dem Kleinschlepper Junior viel zu lange auf diese Baugröße gesetzt hatte. Fahrzeuge über 50 PS fehlten ganz. Der Absatz ging rapide zurück und die modernen, auf große Stükkzahlen ausgelegten Produktionsanlagen waren nur noch ungenügend ausgelastet. Da kurzfristig keine Änderung zu erwarten war, verlor die Konzernmutter das Interesse am Schlepperbau. Die Hanomag, die sich seit dem R-12-Desaster nicht mehr richtig erholt hatte, versuchte durch eine Flucht nach vorn dem stagnierendem Absatz zu begegnen. Man investierte hohe Entwicklungskosten in eine neue, ausgezeichnete Schlepperreihe, die den Leistungsbereich von 58 bis 92 PS abdeckte. Als der Markterfolg ausblieb, gingen die Verkaufszahlen weiter nach unten. 1971 kam das unausweichliche Ende für diesen traditionsreichen Traktorfabrikanten.

Einige kleinere Hersteller, die sich mit dem vor Jahren noch Erfolg versprechenden Traktorenbau sozusagen ein

Nach dem Motto, dass „das Bessere der Feind des Guten" sei, hatten die Kölner Deutz-Werke zu Beginn des Jahres 1968 die ersten Mitglieder einer unter D 06 geführten Traktorreihe vorgestellt, obwohl die bereits sehr erfolgreiche D 05er-Reihe sich erst seit 1965 auf dem Markt befand. Zunächst waren es sechs Traktoren mit Motorleistungen zwischen 24 und 92 PS, später kamen noch weitere Modelle hinzu. Hier ein mit einem Allwetterverdeck von Fitzmeier ausgerüsteter D 5506 mit Vierzylinder-52-PS-Direkteinspritz-Diesel vor einem landwirtschaftlichen Anhänger.

Seit 1965 hatte die International Harvester Company die Zusammenarbeit der einzelnen Werke im Bereich der damaligen EWG-Staaten auf eine neue Basis gestellt. Jenes Jahr bedeutete auch den Start einer neuen Traktorreihe, die im Laufe der Zeit von zunächst 48 PS bis auf 120 PS im Jahr 1972 erweitert werden sollte. Es waren marktgerechte Traktoren, mit denen das Unternehmen den zeitweise verlorenen Leistungsanschluss wiederherstellen konnte. Hier das 67 PS starke Modell 724 beim Pflügen.

zweites Standbein schaffen wollten, wandten sich wieder ihrem ursprünglichen Metier zu. Als Paradebeispiel gilt die Firma Zanker, die nach ihrem kurzen Ausflug in die Branche bereits ab 1950 wieder Waschmaschinen herstellte. Die Allgaier-Werke hatten schon 1955 den Traktorenbau zugunsten des lukrativeren und sichereren Werkzeugmaschinenbaus aufgegeben. Die Firma Hatz aus Ruhstorf widmete sich wieder dem Motorenbau und die Stihl-Werke, zeitweise Anbieter von sehr leichtgewichtigen Kleinschleppern, zogen sich auf ihre ursprüngliche Tätigkeit als Produzent von Motorsägen zurück.

Im glimpflichsten Fall Federn lassen mussten auch viele andere Hersteller. So Hermann Lanz (Hela) und Kramer, die in Anbetracht ihrer Betriebsgrößen ein immer noch viel zu breites Schleppersortiment – bei entsprechend geringen Stückzahlen – offerierten. Dank der modernen Raubtier-Schlepperreihe kam die Firma Eicher relativ glimpflich davon und konnte sich weiterhin gut im Mittelfeld behaupten. Auch für Schlüter bedeutete die Beschränkung auf starke Traktoren nur einen Aufschub des Niedergangs. Über einen kurzen Zeitraum hinweg konnte das Unternehmen seine Marktposition zwar geringfügig verbessern, aber schon 1970 war dieser Vorsprung wieder dahin. Nur einige wenige kleine Schlepperfabrikanten, wie beispielsweise Holder und Bungartz mit ausgesprochenen Klein- und Spezialschleppern, konnten sich in winzigen, für die Großen der Branche wenig interessanten Marktnischen weiterhin erfolgreich behaupten.

In den Spitzengruppierungen änderte sich in diesem Jahrzehnt indessen nur wenig. Deutz konnte, im Wechsel gefolgt von Fendt und International Harvester, seine führende Position halten. John Deere-Lanz bzw. John Deere hatte in diesen Jahren zunächst genug mit sich selbst zu tun, um seine neuen Dieselschlepper am Markt zu profilieren. Erst 1970 waren die Zulassungszahlen des Unternehmens auf den siebten Rang vorgedrungen. In die frei werdenden Felder drängten zahlreiche ausländische Anbieter mit ihren durch Massenfabrikation meist unschlagbar niedrigen Preisen.

Allen voran die 1960 noch auf Platz zehn liegende Firma Massey-Ferguson. Bereits 1965 belegte sie Rang fünf und 1970 sogar den vierten Platz. Auch die Marktanteile der Firmen Ford, Fiat, Renault, David Brown und Zetor befanden sich in einer stetigen Aufwärtsentwicklung. Mit einem Bestand von fast 1,4 Millionen Traktoren im Jahr 1970 war die westdeutsche Agrarwirtschaft mittlerweile nahezu vollmotorisiert. Der Schleppermarkt war gesättigt. Immer seltener wurden Erstbeschaffungen von Traktoren getätigt. Ersatzkäufe für bereits vorhandene, überalterte, oftmals schwächere Schleppermodelle wurden die Regel. Der Markt für gebrauchte Traktoren gewann zunehmend an Bedeutung.

Bei den LPG-Betrieben in der DDR fehlte Anfang der 60er-Jahre noch immer ein geeigneter starker Schlepper, der die großen, zusammen liegenden Anbauflächen erfolgreich bearbeiten konnte. Damals experimentierte man mit einem auf 46 PS hochgekitzelten Famulus-Motor, der bei einer Drehzahl von 2.000 Touren aber eindeutig überfordert war. Andere Versuche scheiterten ebenfalls an ungeeigneten Antriebsaggregaten. Erst 1967 stand mit dem 90 PS starken Halbrahmen-Großschlepper ZT 300 ein auf großflächige Betriebsverhältnisse zugeschnittener DDR-Traktor zur Verfügung. Dieses Modell eröffnete der DDR-Landwirtschaft völlig neue Dimensionen und blieb daher auch bis zum Schluss deren hauptsächliche Stütze.

Ursus Zweiwegeschlepper C 10 Bambi

Die 1949 entstandene, später in Ursus GmbH umbenannte Firma Ursus in Wiesbaden gehörte zu jenen im Nachkriegsdeutschland recht zahlreich vertretenen Kleinherstellern, die sich der Umrüstung ausgemusterter Militärfahrzeuge zu Ackerschleppern widmeten. Dabei waren vor allem Achsen und Getriebe als Baukomponenten sehr begehrt. Einen wesentlich professionelleren, ja völlig ungewöhnlichen Charakter verwirklichte dieses kleine Unternehmen mit dem 1952 vorgestellten allradgetriebenen Zweiwegeschlepper C 10, auch Bambi genannt. Der wahlweise mit einem wasser- oder luftgekühlten Einzylinder-Zweitakt-Diesel mit 10 PS Leistung bestückte Kleinschlepper besaß ein Wendegetriebe mit je vier Vorwärts- und Rückwärtsgängen, mit dem eine Höchstgeschwindigkeit von 15 km/h erreicht werden konnte. Der Antrieb erfolgte mittels einer in der Schleppermitte angeordneten Welle über Rollenketten auf die vier Räder. Der Schleppersitz war bei Änderung der Fahrtrichtung um die Lenksäule schwenkbar. Ungewöhnlich war auch die Sitzschale, die aus formverleimtem Sperrholz bestand und – ganz im Gegensatz zu den damals üblichen Blechsitzmulden – ein wesentlich angenehmeres Sitzgefühl vermittelte. Dieser Winzling konnte mit dem gleichen Zubehör wie ein größerer Schlepper, also mit Getriebezapfwelle, Riemenscheibe und Mähwerk aufwarten. Eine Hydraulik war nicht vorhanden; die wahlweise mit Drei- oder Vierpunktkupplung ausgeführten Geräte betätigte man mit Handaufzug. Der C 10 war ein mehr als vielseitiger Kleinschlepper, der aber mit nur 10 PS arg untermotorisiert war. Die eng begrenzten finanziellen Kapazitäten dieses kleinen Herstellers verhinderten größere Markterfolge. 350 Stück sollen bis 1959 von diesem Zwerg gebaut worden sein.

Eicher Allradschlepper ED 26

Die Suche nach Möglichkeiten, wie man Geländefähigkeit und Zugkraft eines Standardschleppers erhöhen könnte, stand schon seit jeher im Mittelpunkt der konstruktiven Bemühungen der Schlepperhersteller. Denn recht schnell konnte ein hinterradgetriebener Traktor bei ungünstigen Einsatzverhältnissen, wie sie vielfach auf schmierigen, weichen Untergründen, im Berg- und Hügelland aber auch im Forst anzutreffen waren, an seine Leistungsgrenze stoßen. Neben dem Gleiskettenschlepper eröffnete sich eine weitere Möglichkeit, indem man einen Traktor mit einer angetriebenen Vorderachse versah. Nach Kriegsende war es in erster Linie die MAN, die sich mit großer Konsequenz dem Allradantrieb zuwandte und auf diesem Sektor die größte Bedeutung erlangte. Auch Eicher gedachte sich am Bau solcher Spezialschlepper zu beteiligen, mit deren Geländegängigkeit den zahlreichen Bergbauern oder Waldbesitzern nicht nur im bayerischen Raum eine tragfähige Alternative geboten werden sollte. Den Anfang machte das im Juli 1955 herausgebrachte Modell ED 22 mit 22 PS, dem im darauf folgenden Jahr das 30-PS-Fahrzeug ED 30 folgte. Da sowohl Motor als auch Getriebe bei dieser Leistung eindeutig überfordert waren, reduzierte man diese bereits nach wenigen Monaten auf verträglichere 26 PS bei 1500 Umdrehungen, was dann den ansonsten unveränderten ED 26 Allrad ergab. Der Schlepper besaß gleich große Vorder- und Hinterräder der Größe 8-24, verfügte über den luftgekühlten Zweizylinder-Eicher-Direkteinspritz-Diesel ED 2 e mit 2.596 cm^3 Hubraum und ein Fünfganggetriebe. Nachteilig war bei diesem Schlepper auch, dass der Allradantrieb permanent auf alle vier Räder wirkte und nicht abgeschaltet werden konnte. Allein schon ihres hohen Preises wegen spielten die Eicher-Allradschlepper eine Außenseiterrolle. Vom ED 26 entstanden lediglich 96 Fahrzeuge.

Fahr Dieselschlepper D 180 H

Bei den Fahr-Werken begann die Schlepperfertigung in größerem Umfang erst wieder nach der Währungsreform des Jahres 1948. Bereits im folgenden Jahr konnte man immerhin schon drei Modelle zwischen 15 und 30 PS offerieren. Die Folgezeit war gekennzeichnet durch ein immer besser abgestimmtes und gegliedertes Verkaufsprogramm, das schließlich aus einem breiten Schleppersortiment zwischen 12 und 60 PS bestand. Trotz allem war das Typenangebot klar und übersichtlich, die Modellpolitik von solider Kontinuität und Stetigkeit bestimmt, auch wenn mit Rücksicht auf technische Aktualität teilweise schnelle Modellwechsel erforderlich waren. Im Geschäftsjahr 1954 trat auch das Modell D 180 H ins Verkaufsprogramm, der die D 25-Typen ersetzte. Es war ein mittelschwerer Traktor, der von dem bewährten, axialluftgekühlten MWM-Zweizylinder-Direkteinspritz-Diesel AKD 12 Z (ab 1955 AKD 112 Z) mit 1810 cm^3 Hubvolumen angetrieben wurde. Das Aggregat erreichte seine Maximalleistung von 24 PS bei 2.000 Touren. Dieser Motor war mit einem Fünfganggetriebe, an das ein zusätzlicher Kriechgang angeflanscht werden konnte, verblockt. Mit 1453 kg war der neue Schlepper um fast 500 kg leichter als sein Vorgänger. Für einen ausreichenden Fahrkomfort war eine schraubengefederte Pendelvorderachse verantwortlich. Für den D 180 H stand eine breite Palette bereits werkseitig vorhandener, aber auch gegen Aufpreis erhältlicher Ausrüstungsgegenstände zur Verfügung. Das formschöne und kompakte Fahrzeug verkaufte sich mit genau 8.021 bis zur Baueinstellung im Jahr 1959 produzierte Einheiten ganz hervorragend und war damit der stückzahlmäßig größte Renner in der Fahr-Schlepperbaugeschichte.

Fahr Dieselschlepper D 400 A

Nachdem die luftgekühlte FL-Motorbaureihe von Deutz komplett zur Verfügung stand, konnte Fahr im Rahmen der Ausweitung seines Schlepperprogramms seit 1952 auch in der schwereren Klasse aktiv werden. Nach dem bereits seit dem Vorjahr angebotenen Modell D 30 L erschienen im Laufe des Jahres 1952 drei Kraftpakete mit 45, 55 und 60 PS Motorleistung, in die entweder Drei- oder, wie bei den beiden letzteren, Deutz-Vierzylindermotoren eingebaut waren. Nachdem man bei Fahr begonnen hatte, die Typenbezeichnung der Traktoren nicht mehr nach der PS-Leistung, sondern nach dem Hubraum der verwendeten Motoren auszurichten, wurde zur Mitte des Jahres 1955 der bisherige D 45 L in D 400 A umbenannt. Es war eine starke Maschine mit beachtlichen 3.070 Kilo Zughakenkraft, die auch schwere Belastungen nicht scheute. Der luftgekühlte Dreizylinder-Wirbelkammer-Diesel von Deutz hatte ein Hubvolumen von 3.990 cm³ und leistete 45 PS bei 1650 Touren. Ab 1958 wurde die Drehzahl auf 1800 Touren gesteigert, was nun eine Leistungsausbeute von 50 PS ergab. Schon 1955 hatte man das Triebwerk ausgetauscht und seither das stärkere, für diese Motorleistung wesentlich geeignetere und belastbarere ZF-Fünfganggetriebe A 23 installiert. Dieses gab es sowohl in einer bis 20,8 km/h reichenden Normalausführung als auch als Schnellgangvariante bis 29,5 km/h Höchstgeschwindigkeit. Das Ausrüstungsprogramm entsprach den durch die Größe vorgegebenen Einsatzzwecken. So gab es gegen Aufpreis Motorzapfwelle, Dreipunktkraftheber, Druckluftbremsanlage, eine 6-Tonnen-Seilwinde sowie ein Allwetterverdeck. Mit 192 im Inland verkauften Fahrzeugen (bis 1960) war der Erfolg nicht überragend. Die Exportzahlen waren wesentlich höher.

Fahr Dieselschlepper D 177 S

Um den vermehrt seit der zweiten Hälfte der 50er-Jahre auftretenden Sättigungserscheinungen des Traktormarkts entgegenzutreten, suchte Fahr im Schlepperbereich eine enge Bindung an die Aschaffenburger Güldner-Werke. Zu diesem Hersteller bestanden schon gute Beziehungen. So verwendete Fahr in erheblichem Maße Güldner-Motoren für die Schlepperantriebe. Der im Juni 1958 abgeschlossene Kooperationsvertrag stellte – bei weiterhin getrennten Vertriebsorganisationen – eine gemeinsame Konstruktionsbasis beider Unternehmen her. So wurden in der sogenannten Europa-Reihe technisch weitgehend baugleiche Fahrzeuge, die sich hauptsächlich durch ihre anders geformten Motorhauben unterschieden, von beiden Firmen gleichzeitig gefertigt. Das stärkste Modell war das Fahr-Modell D 177, das im Güldner-Typ A 4 M Toledo sein Pendant hatte. Äußerlich bestach das seit 1959 mit einer schnellen Getriebeübersetzung als D 177 S angebotene Fahrzeug durch seine lange, schnittige, tiefe Bauform und die runde, nach hinten abfallende Haubengestaltung. Der Schlepperfahrer konnte bequem seitlich aufsteigen und auf dem tief liegenden, gummigedämpften, als Reitsitz vor der Hinterachse positionierten Fahrersitz Platz nehmen. Leichte Bauweise bei möglichst langem Radstand lautete hier die erfolgreich realisierte Vorgabe. Auf der Suche nach einer geeigneten Antriebsquelle war man bei Daimler-Benz fündig geworden. Der auch im Unimog verwendete, sehr bewährte wassergekühlte Vierzylinder-Vorkammer-Diesel OM 636 VI-E mit 34 PS war genau das Richtige. Mit 3.000 Umdrehungen wies er allerdings eine sehr hohe Drehzahl für einen Schleppermotor auf. Das Triebwerk war ein ZF-Gruppenschaltgetriebe mit acht Vorwärts- und vier Rückwärtsgängen.

Fendt Dieselschlepper F 15 Dieselross

Im Jahr 1949 stellten die Fendt-Werke einen Bauern-Kleinschlepper unter der Modellbezeichnung F 15 Dieselross vor. Er rundete als das kleinste Fahrzeug die bislang aus drei Typen bestehende Produktpalette dieses Herstellers nach unten hin ab. Mit dieser Baugröße entsprach man exakt den Forderungen des Marktes speziell nach kleinen Fahrzeugen, die dringend für die Motorisierung der vielen kleinen Höfe und Nebenerwerbsbetriebe benötigt wurden. Fast ebenso wichtig war der F 15 als Zweitschlepper auf größeren Höfen. Sein Name „Dieselross" sollte an die langjährige Tradition des Unternehmens im Schlepperbau anknüpfen, denn bereits vor dem Krieg hatte sich Fendt einen zufriedenen Kundenstamm erarbeiten können. Die neugestaltete Motorhaube, unter der ein wassergekühlter Einzylinder-Wirbelkammer-Diesel mit 1153 cm^3 Hubraum vom Mannheimer Hersteller arbeitete, war sehr ansprechend verrundet. Dieses Aggregat, das 15 PS bei 1600 Touren erzeugen konnte, war mit einem eigengefertigten, bis zu 20 km/h reichenden Vierganggetriebe zu einer tragenden Einheit verblockt. Die Pendelvorderachse war blattgefedert und in der Spurweite verstellbar. Neben der hier abgebildeten Ausführung F 15 G mit 8-24er-Standardbereitung gab es mit der Variante F 15 H auch eine Hochrad- bzw. Allzweckausführung speziell für den Einsatz als Hackfrucht- und Pflegeschlepper. Der bis 1957 im Programm befindliche F 15 wurde 1950 in verschiedenen Details verbessert. Er war ein bei den Landwirten sehr beliebter und belastbarer kleiner Universal- und Allzwecktraktor mit einem entsprechenden, in seiner Leistungsklasse üblichen Zubehör, der sich – alle Varianten inbegriffen – insgesamt 15.071 Mal verkaufte.

Fendt Dieselschlepper F 40 Dieselross

Seit den frühen 50er-Jahren befasste sich Fendt mit dem Ausbau der Produktpalette. In rascher Folge erschienen neue Modelle, die sämtlich mit MWM-Motoren bestückt wurden. Zu diesem renommierten Motorenhersteller unterhielt man seither jahrzehntelange, für beide Teile sehr erfolgreiche Geschäftsbeziehungen. Im Mai 1951 überraschte Fendt die Kundschaft mit der Vorstellung eines 40-PS-Schleppers. Das neue Modell fand in der Fachwelt starke Beachtung, war es doch immer ein Wagnis, mit einem derartigen Schlepper hervorzutreten, denn Preis und Größe schränkten die Zielgruppe stark ein. Außerdem erstreckte sich der Schlepperboom vornehmlich auf leichtere Modelle. Da aber nahezu alle bekannten Anbieter ein ähnlich gelagertes Vorzeigeprodukt in ihrem Verkaufsprogramm führten, konnte auch Fendt nicht zurückstehen.

Der F 40 war ein konventioneller Blockbauschlepper mit Hinterradantrieb, der seine Kraft aus einem wassergekühlten MWM-Dreizylinder-Wirbelkammer-Diesel mit 3.534 cm³ Hubraum zog. Der Motor des mit einem hauseigenen Fünfganggetriebe bestückten Traktors stellte seine Leistung bei 1500 Touren zur Verfügung. Wahlweise gab es auch eine von ZF bezogene sechsgängige Triebwerkausführung mit Kriechgang und zwei Rückwärtsgängen. Der nur für Großbetriebe infrage kommende Traktor war mit einem entsprechend reichhaltigen Zubehör erhältlich. Hierzu zählten Motorzapfwelle mit Doppelkupplung, Allwetterverdeck, Seilwinde und Druckluftbremsanlage – Teile, die allerdings gesondert berechnet wurden. Der F 40 blieb bis 1958 nahezu unverändert in den Listen und wurde 1030 Mal gebaut.

Ende der 30er-Jahre war der noch auf dem berühmten Fordson F basierende Fordson N – trotz Luftbereifung und verschiedener Verbesserungen im Detail – technisch veraltet: Zapfwelle und Dreipunkthydraulik fehlten. Noch während der Kriegsproduktion des Fordson N wurde im Werk Dagenham mit Hochdruck an einem neuen Modell gearbeitet. Im März 1945, unmittelbar vor Kriegsende, kam das Modell E 27 N heraus und ging sogleich in die Produktion. Der wassergekühlte Vergasermotor war ein Vierzylinder mit 3.916 cm^3 Hubvolumen und basierte auf dem Antriebsaggregat des Modells F von 1917, lief aber mit nur 1450 Touren, um die Leistung von 27 PS erbringen zu können. Der Energie fressende und in der Herstellung teure Schneckenantrieb war einem zweifach untersetzten Hinterachs-Differenzialgetriebe gewichen. Der Motor besaß einen Zahnkranz, auf dem ein Anlassermotor montiert war. Ein Überbleibsel aus der Zeit des alten Fordson war das weiterhin verwendete Dreiganggetriebe. Der eigentlich nur als Übergangsmodell ausersehene E 27 N entwikkelte sich unerwartet zu einem großen Erfolg mit dem Ergebnis, dass bis 1952 insgesamt 236.000 Traktoren aller Ausführungen hergestellt werden konnten.

Er erschien zu einer Zeit, als auch in England die Landwirtschaftsmotorisierung voll einsetzte. Während der Produktionszeit wurde die Dreipunkt-Geräteaufhängung, sowie eine Variante mit Perkins-Dieselmotor mit anfangs 39, später 45 PS eingeführt. Die dunkelblaue Lackierung des Fahrzeugs stand zu den in Orange lackierten Radfelgen in einem angenehmen Kontrast. Hier ein eisenbereiftes Exemplar mit Laufringen.

Fordson New Major

Im Jahr 1952 trat das neue Fordson-Modell New Major an, um den übergangsweise gebauten E 27 N abzulösen. Damit kam bei den Ford-Werken in Dagenham ein völlig neuer Traktor heraus: nicht nur in Bezug auf die völlig veränderte, aktuelle Formgebung, sondern auch in motorischer Hinsicht. Den 2.407 kg schweren New Major bot man wahlweise sowohl in einer wassergekühlten Vierzylinder-Vergaser- als auch in einer dieselgetriebenen Motorvariante – beide mit fünffach gelagerter Kurbelwelle und zahnradgetriebener Nockenwelle – an. Die Dieselversion hatte einen Hubraum von 3.610 Kubik, während es die Vergaserausführung auf einen solchen von 3.260 cm^3 brachte. Die anfänglich zur Verfügung gestellte Motorleistung von 42 PS erreichten beide Varianten bei 1700 Umdrehungen – im späteren Verlauf des Serienbaus wurde sie gesteigert. Das Motoraggregat war mit einem angenehm zu schaltenden Getriebe mit sechs Vorwärts- und zwei Rückwärtsgängen verblockt. Entgegen mancher ungünstiger Vorhersagen setzte sich bereits nach kurzer Zeit der wirtschaftlichere Dieselmotor mit 75 % aller Verkäufe an die Spitze. 1955 nahm man deshalb den Vergaserschlepper völlig aus dem Programm, da sich zuletzt über 90 Prozent der Käufer für den Dieselantrieb entschieden hatten. Dieser sehr solide gebaute, gut durchkonstruierte Traktor bedeutete eine fast völlige Abkehr vom Originaldesign des bereits 1917 entstandenen Fordson F und trug alle positiven Merkmale einer preisgünstigen Großserienfertigung. Der in ansehnlichen Stückzahlen bis 1958 gebaute New Major war bei den Bauern vor allem wegen seiner Zuverlässigkeit sehr beliebt und brachte es auch im Export zu bedeutenden Erfolgen.

Güldner Dieselschlepper AF 30 P

Als Antrieb für die ersten mittelschweren Güldner-Nachkriegsschlepper stand ein bewährtes, bereits 1937 entwickeltes, hauseigenes unter der Typenbezeichnung 2 F geführtes zweizylindriges Wälzkammer-Dieselaggregat mit 2.598 cm³ Hubraum zur Verfügung. Dieser Motor wurde zunächst seit 1946 in dem Traktormodell A 28 mit einem Vierganggetriebe verblockt. Zwei Jahre später folgte der technisch überarbeitete Typ A 30. Er verfügte zwar über den gleichen Motor, dieser war aber anstelle der früheren 28 PS nun mit 30 PS Dauer- und 32 PS Kurzleistung klassifiziert. Als Triebwerk stand jetzt ein zeitgemäßeres, von der Firma Fahr bezogenes Fünfganggetriebe zur Verfügung, das in dem Geschwindigkeitsbereich von 3,6 bis 20 km/h vorteilhafter abgestuft war, denn es war ein zusätzlicher Ackergang vorhanden. Ab 1951 wurde mit der Ausführung AF 30 P ein Fahrzeug mit einer modifizierten Kühlerverkleidung gebaut, welche über ein verrundetes, als seitlich schwenkbare Tür ausgebildetes Lüftungsgitter mit senkrechten Streben verfügte und dem Modell ein gefälligeres Aussehen verlieh. Die Scheinwerferbefestigungen und die Form der Hinterradkotflügel wurden ebenfalls geändert. Unter der Haube blieb mit Ausnahme eines moderneren Luftfilters alles beim Alten. Dagegen wurde das Getriebe nun entweder von der Zahnradfabrik Friedrichshafen (ZF) oder von der Zahnradfabrik Augsburg (ZA) bezogen. Damit verbunden waren geringfügige Abweichungen in den Gangabstufungen. Das werkseitig vorhandene, oder zu den Sonderausrüstungen zählende Zubehör entsprach dem Standard. Es waren zuverlässige und dauerhaft verarbeitete Traktoren, die dem damaligen Stand der Schleppertechnik entsprachen. Bis 1952 entstanden 971 Fahrzeuge.

Güldner Dieselschlepper AFS

Im Jahr 1953 erweiterten die Güldner-Traktoren-Werke ihr Angebot um drei weitere Modelle. Es waren Fahrzeuge mit 12 (später 14), 18 und 28 PS, die damit die Produktpalette sinnvoll ergänzten. Bisher bestand das im Leistungsbereich von 17 bis 35 PS angesiedelte Programm ausschließlich aus Traktoren mit wassergekühlten Motoren. Das größte dieser Fahrzeuge war der Dieselschlepper AFS mit einem Leergewicht von 1870 kg, der den wassergekühlten Zweizylinder-Wälzkammer-Diesel 2 FN aus dem hauseigenen Motorenprogramm mit 2.425 cm^3 Rauminhalt zur Fortbewegung erhielt. Dieser Dieselmotor stammte aus dem AFN-Traktor, bei dem er aber zwecks Ausfüllung einer bestehenden Leistungslücke im Typenprogramm auf 28 PS bei 1800 Touren gedrosselt worden war. Eine Güldner-typische Eigenheit bestand darin, die nach dem Wirbelkammerverbrennungsverfahren arbeitenden Motoren betriebsintern als Wälzkammermotoren zu bezeichnen. Als Getriebe fungierte ein solches mit fünf Vorwärtsgängen, das auf Wunsch mit einem zusätzlichen Kriechgang aufgerüstet werden konnte. Ebenso wie die übrigen Güldner-Traktoren der 50er-Jahre besaß auch dieser Schlepper das für diesen Hersteller charakteristische, im Stil eines Haifischmauls gestaltete Kühlerlüftungsgitter. Die Sonderausrüstung enthielt Druckluftbremsanlage, Seilwinde, Allwetterverdeck sowie einen hydraulischen Kraftheber. Es war ein zur oberen Mittelklasse zählender, recht zugstarker und sehr solide verarbeiteter Schlepper, der mit ganzen 245 zwischen 1953 und 1957 erstellten Fahrzeugeinheiten nur eine geringe Verbreitung erfuhr. Im Jahr 1954 sollten, den Präferenzen der Kundschaft Rechnung tragend, dann auch luftgekühlte Modelle hinzukommen.

Güldner Dieseltragschlepper AK

Bei der 1956 in Hannover stattfindenden DLG-Ausstellung wurden die ersten greifbaren Ergebnisse der Entwicklungsgemeinschaft zwischen Fahr und Güldner sichtbar. Güldner stellte gemäß der Vereinbarungen die Modelle AX und AK vor, die unter der Haube exakt mit den Fahr-Typen D 66 und D 88 identisch waren. Es waren sehr formschöne, in einem zeitlosen, leicht stromlinienförmigen Design gestaltete luftgekühlte Tragschlepper. Stilistisch wirken sie auch heute noch keineswegs antiquiert. Das wichtigste Unterscheidungsmerkmal zwischen beiden Modellen lag in ihrer motorischen Ausrüstung. Während der AX als der Kleinere von ihnen lediglich mit einem 11 PS starken luftgekühlten Einzylinder-Diesel bestückt war, besaß der AK das Zweizylinder-Wälzkammer-Dieselaggregat 2 LKN mit nur 885 cm^3 Hubraum aus dem eigenen Motorenprogramm. Dieser Motor leistete anfangs 13 PS bei 2.300 und ab 1959 15 PS bei 2.590 Touren. Beide Schlepper waren blockkonstruiert und mit ungefederten Pendelachsen vorn und Portalachsen hinten ausgerüstet. Identisch war auch das in drei Schaltgruppen unterteilte Sechsganggetriebe A 4 der Zahnradfabrik Friedrichshafen. Der AK war zwar nur unwesentlich stärker als der mit 11 PS arg schwache AX, aber gerade in einem Kleinbetrieb machten zwei PS schon einen Unterschied – mit dem Ergebnis, dass der Motor nicht ständig gezwungen war, an seiner Leistungsgrenze zu arbeiten. Dementsprechend fielen auch die Verkaufsergebnisse aus, wonach der eindeutig als zu schwach erachtete Einzylinder nur 975 Mal, vom Zweizylinder hingegen 7.114 Exemplare gebaut wurden. Es waren ausgesprochene Kleinschlepper für den universellen Einsatz in den entsprechenden Betriebsgrößen oder als Pflegeschlepper in größeren Betrieben.

Hanomag Dieselschlepper R 16

Die Hanomag-Werke konnten ab 1947 den Bau des Bauernschleppers RL 20 fortführen und ihn zwei Jahre später um die neuen Modelle R 25 und R 28 erweitern. Zur selben Zeit stand der neu entwickelte wassergekühlte Vierzylinder-Vorkammer-Dieselmotor D 28 zur Verfügung. Dieses Aggregat war das Ausgangsprodukt einer neuen Baureihe, zu der auch der zweizylindrige D 14-Dieselmotor – genaugenommen war er ein halbierter D 28 – zählte. Diese Kurzhubmotoren waren nach dem Baukastensystem, also mit der Möglichkeit zum Austauschen vieler Teile, konstruiert. Das D-14-Aggregat mit 1399 cm^3 Hubraum erhielt erstmals der 1951 vorgestellte Hanomag-Kleinschlepper R 16. Es war gleichzeitig das kleinste Schleppermodell dieses Herstellers, dessen Angebot damals den Leistungsbereich von 16 bis 55 PS umfasste. Der neue R 16 wurde eine der wichtigsten und zugleich erfolgreichsten Entwicklungen der Hanomag nach Kriegsende. Er leistete 16 PS bei 1600 Touren, hatte ein eigenentwickeltes Fünfganggetriebe und wog 1170 Kilo. Seine Maximalgeschwindigkeit betrug 19,1 km/h. Ihn gab es in den Varianten A (wie hier abgebildet) als Allzweckschlepper mit hinteren Speichenrädern der Größe 7-36 oder als Ausführung B mit 7-30er-Hinterrädern. Dieser solide, robuste und übersichtliche Kleinschlepper war in erster Linie für leichtere Feld- und Transportarbeiten zum Einsatz auf kleineren Höfen vorgesehen. In Großbetrieben diente er ebenso als Zweit- und Pflegeschlepper. Die angebotene Zusatzausrüstung entsprach den Aufgabenstellungen. Er blieb – beständig im Detail verbessert – bis 1957 im Verkaufsprogramm und war mit genau 14.300 produzierten Einheiten sehr erfolgreich.

Hanomag Dieselschlepper R 55 ATK

Neben Ackerschleppern für Einsätze in der Land- und Forstwirtschaft produzierte die Hanomag auch Schwerlastschlepper, die ihre empfindlichen Lasten möglichst ruckfrei und schonend transportieren sollten. Zu diesem Zweck wurde auf der Basis des schweren Hanomag R 55-Radschleppers bereits 1952 eine für diese Zwecke geeignete Variante geschaffen. Diese Ausführung wurde als R 55 ATK bezeichnet, wobei das „R" für Radschlepper, die Zahl „55" für die Motorleistung in PS, das „A" für Luftbereifung und die Buchstaben „TK" für Turbokupplung standen. Als Antriebseinheit wurde das robuste und zuverlässige D 57-Aggregat verwendet, das sich bereits in Tausenden von Hanomag-Schleppern auf der ganzen Welt bewährt hatte. Um ein ruckfreies Anfahren zu erreichen, befand sich zusätzlich zur normalen Fahrkupplung zwischen dieser und der Schwungscheibe eine Strömungs- oder Turbokupplung der Firma Voith in Heidenheim. Durch diese Einrichtung wurde das Drehmoment des Motors völlig weich, ruck- und stoßfrei auf das Fünfganggetriebe übertragen. Die Eigenschaften der Turbokupplung versetzten die ATK-Radschlepper in die Lage, in jedem Gang ruckfrei und unter Volllast anzufahren. Dieser zugstarke Spezialschlepper fand nicht nur im Rangieren und Schleppen von Flugzeugen sein Betätigungsfeld, sondern auch beim Verschub von Waggons mit der Spilleinrichtung auf Werkanschlussgleisen, bei der Beförderung überschwerer, besonders empfindlicher Lasten im Straßenverkehr und in vielen anderen Bereichen. Versuche hatten gezeigt, dass dem ATK bis zu 75 t Anhängelast zugemutet werden konnten. Seine Höchstgeschwindigkeit lag bei 32,5 km/h. Hier abgebildet ist eine vorbildlich restaurierte Maschine.

Hanomag Dieseltragschlepper R 12

Im Jahr 1953 betrat die Hanomag mit einem Mehrzweckschlepper konzeptionell völlig neue Wege. Es handelte sich um das Tragschleppermodell R 12, in dessen Entwicklung das Unternehmen die damals überaus beachtliche Summe von 20 Millionen Mark investiert hatte. Entsprechend groß waren auch die darin gesetzten Erwartungen. Der R 12 sollte allerdings zu einem der umstrittensten Traktoren der 50er-Jahre werden. An sich entsprach dieser kleine, nur 800 Kilo wiegende Schlepper mit 12 PS Motorleistung und sein Getriebe mit sechs Vorwärts- und zwei Rückwärtsgängen den Erfordernissen des Markts. Zudem bot die Ausführung als Tragschlepper eine Vielzahl von Kombinations- und Verwendungsmöglichkeiten und wirkte durch Einmannbedienung dem bereits spürbar werdenden Arbeitskräftemangel in der Landwirtschaft entgegen. Leider hatte die Hanomag bei der Wahl des Motors keine glückliche Hand. Da das Konzept ein besonders leichtes Aggregat vorschrieb, entschied man sich für einen noch nicht hinreichend ausgereiften, gebläsegesteuerten, ventillosen Zweitakt-Wirbelkammer-Diesel in Einzylinderbauart. Dieser nur 104 Kilo schwere Motor mit 511 Kubik konnte beachtliche 12 PS bei 2.200 Touren zur Verfügung stellen, hatte aber seine Tücken. Diese lagen nicht allein in dem gewöhnungsbedürftigen Arbeitsgeräusch des hochdrehenden Motors, das dem kleinen Schlepper den Spitznamen „Ackermoped" einbrachte. Zudem führte allein schon der helle, vermeintlich wenig Kraft und Stärke vermittelnde Lärmpegel bei den meist konservativ eingestellten Landwirten zur Voreingenommenheit. Bereits 1954 musste der Hersteller eine überarbeitete Variante anbieten, bei der die Probleme aber nur teilweise eliminiert werden konnten.

Hanomag Dieselschlepper R 435

Die Auswirkungen des R-12-Desasters hatten die Hanomag nicht nur den erst vor kurzem errungenen ersten Platz in der jährlichen Zulassungsstatistik gekostet, sondern auch zu einem großen Vertrauensverlust bei der Kundschaft geführt. Ursprünglich hatte man angedacht, das gesamte Schlepperprogramm auf die neuen ventillosen Motoren umzustellen. Man realisierte zwar noch den Zweizylinder, stoppte aber anschließend das weitere Vorgehen in diese Richtung und wandte sich wieder Konstruktionen konventioneller Art zu. In der zweiten Hälfte der 50er-Jahre galt es, die seit Beginn dieses Jahrzehnts am Markt befindlichen zwar bewährten, aber etwas in die Jahre gekommenen Modelle abzulösen. Im Fall des seit 1953 gebauten 35-PS-Schleppers R 35 erschien 1957 der Typ R 435 in den Verkaufslisten. Unter der neuen abgerundeten, insgesamt gefälliger wirkenden Motorhaube arbeitete aber weiterhin die alte Technik in Form des wassergekühlten Vierzylinder-Vorkammer-Diesels D 28, der 35 PS bei 1900 Touren erzeugte. Auch am Getriebe hatte sich nichts geändert. Es war weiterhin fünfgängig, bot aber in der auf Wunsch erhältlichen Ausführung als Untersetzergetriebe zehn Vorwärtsgeschwindigkeiten. Gegen Mehrpreis konnte auch eine Motorzapfwelle mit Doppelkupplung bezogen werden, mithilfe derer mit gezogenen Mähdreschern und anderen Vollerntegeräten gearbeitet werden konnte. Wie fast alle Fahrzeuge dieses Herstellers war auch der R 435 in das damals stark propagierte Hanomag-Combitrac-System integriert, welches mit der entsprechenden Zahl von Zusatz- und Anbaugeräten den Schlepper zu einem vielseitigen Grundgerät machte. Dieser solide Traktor blieb bis 1960 im Verkaufsprogramm.

Hatz Dieselschlepper TL 22

Die durch die Fabrikation von luftgekühlten Kleindieselmotoren und anderen Antriebsaggregaten bekannt gewordene Motorenfabrik Hatz stieg erst 1953 in den Schlepperbau ein. In der Folgezeit entstanden sehr robuste und zuverlässige Fahrzeuge im Leistungsbereich zwischen 10 und 33 PS, bei denen Hatz die Motoren aus eigener Produktion beisteuern konnte und nur die Getriebe dazukaufen musste. Hauptsächlich konzentrierte sich Hatz allerdings auf Kleinschlepper, von denen die größten Stückzahlen verkauft werden konnten. 1954 wurde das Modell TL 22 erstmals vorgestellt. Es war ein kräftiger, in konventioneller Blockbauweise ausgeführter Standardschlepper der damaligen Mittelklasse, der mit dem hauseigenen radialluftgekühlten Zweizylinder-Direkteinspritz-Diesel des Baumusters Z 100 R mit 1806 Kubik Hubraum bestückt war. Dieser leistete maximal 22 PS bei 1800 Touren. Die beiden Motorzylinder wurden – ähnlich wie bei Eicher – mittels separater Gebläse gekühlt. Das Getriebe mit fünf Vorwärtsgängen und einem Rückwärtsgang war auf eine Höchstgeschwindigkeit von 20 km/h ausgelegt. Obwohl auch dieser Schlepper mit einer umfangreichen Grundausrüstung versehen war, zu der selbstverständlich auch ein elektrischer Anlasser zählte, wurde der TL 22 – wie auch die übrigen Modelle dieses Herstellers – mit einer zusätzlichen Handkurbel ausgeliefert. Sollten einmal Anlasser oder Batterie versagen, konnte man den Motor immer noch per Hand andrehen und starten. Der bis 1959 gefertigte TL 22 kam mit nur 235 Fahrzeugen auf keine großen Stückzahlen, was auf die nur regionale Bedeutung dieses Herstellers schließen lässt. Optisch schön und ausgeglichen wirkten diese Fahrzeuge allemal.

Holder Dieselschlepper B 12

Die in Metzingen ansässigen, durch Baum- und Pflanzenspritzen bekannt gewordenen Holder-Werke begannen 1929 erstmals mit Einachsschleppern in die Branche einzusteigen. Mit dem Modell B 10 präsentierte dieser Hersteller 1950 seinen ersten 10-PS-Vierradtraktor mit schmaler Spurweite, mit dem man vor allem in der Marktnische des Sonderkulturbereichs wie dem Garten-, Wein-, Hopfen- und Obstbau sowie in Baumschulen bereits einen großen Erfolg landen konnte. Mit dem 1957 vorgestellten Typ B 12 erhielt dieser kleine Allzweckschlepper einen verbesserten und stärkeren Nachfolger, obwohl der B 10 parallel dazu noch über zwei weitere Jahre angeboten wurde. Der neue, mit seiner verrundeten Haube sehr ansehnliche Kleinschlepper war mit einem Einzylinder-Zweitakt-Wirbelkammer-Dieselaggregat von Fichtel & Sachs mit 604 cm³ bestückt, dessen Kühlung mithilfe eines Axialluftgebläses erfolgte. Der kleine Motor leistete 12 PS bei 2.200 Touren. Das auf maximal 20 km/h ausgelegte Getriebe wies sechs Vorwärtsgänge und einen Rükkwärtsgang auf. Bei einem Leergewicht von 720 kg waren – besonders wichtig bei Sonderkulturen – nur geringe Bodenverdichtungen zu verzeichnen. Wie schon sein Vorgänger war der B 12 eine äußerst vielseitige Maschine, die mit ihrer über zehnjährigen Bauzeit – im Übrigen bei nur wenigen Änderungen – auf eine besonders lange Lebensdauer zurückblicken konnte. Das Zubehör- und Geräteprogramm war reichhaltig und konnte damit den zahlreichen Einsatzvarianten gerecht werden. So war die Geräteaushebung entweder mit einem ölhydraulischen Kraftheber oder mechanisch per Hand möglich. Einmannbedienung war selbstverständlich. Noch heute sind nicht wenige dieser unermüdlichen Helfer im Einsatz.

IFA Radschlepper RS 01/40 Pionier

Ebenso wie in den westlichen Landesteilen Deutschlands, der späteren Bundesrepublik, wurden auch in der Sowjetischen Besatzungszone und 1949 gegründeten DDR Ackerschlepper gebaut. Im Unterschied zum Westen wurde die gesamte DDR-Industrie zu Volkseigenen Betrieben (VEB) erklärt, wobei die Fahrzeug- und Motorenfabriken, wozu auch die Traktorhersteller gehörten, unter dem Begriff „IFA – Industrieverband Fahrzeugbau" zentral zusammengefasst waren. Das erste Traktormodell war der auf der Leipziger Frühjahrsmesse des Jahres 1949 vorgestellte Radschlepper RS 01/40, der nahezu zeitgleich und offiziell den Namen „Pionier" erhielt. Dieses kantige, kräftig aussehende, im IFA-Traktorenwerk Schönebeck montierte Fahrzeug basierte weitgehend auf dem FAMO-Radschlepper XL aus Vorkriegszeiten. Angetrieben wurde das 3,3 Tonnen schwere, in selbsttragender Blockbauweise ausgeführte Fahrzeug von einem konstruktiv aus dem vorgenannten Schlepper stammenden wassergekühlten Vierzylinder-Vorkammer-Diesel mit 5.022 Kubik Hubraum und einer Leistung von 40 PS bei 1250 Touren. Das installierte Fünfganggetriebe ließ eine Höchstgeschwindigkeit von 17,5 km/h zu. Der Motor dieses ansonsten robusten Fahrzeugs litt allerdings – besonders bei kalter Witterung – unter einer recht geringen Startfreudigkeit. So musste er mittels eines Benzinanlassverfahrens recht umständlich in Betrieb gesetzt werden, bevor man den Motor auf Dieselbetrieb umstellen konnte. War er einmal in Gang gesetzt, ließ man ihn meist auch in Einsatzpausen weiterlaufen. Der Pionier war – mangels eines geeigneten Nachfolgers – in den 50er-Jahren und auch danach die Hauptstütze in den nach sowjetischem Vorbild eingerichteten Maschinenausleihstationen (MAS), später Maschinen-Traktoren-Stationen (MTS) der DDR-Agrarwirtschaft.

IFA Radschlepper RS 02/22 Brockenhexe

Der seit 1949 in den ehemaligen, jetzt als IFA bezeichneten Normag-Schlepperwerken Nordhausen fabrizierte RS 02/22, somit also die zweite Radschlepperkonstruktion der DDR mit 22 PS Motorleistung, war im Grunde nichts anderes als ein Einheits-Ackerschlepper aus der Zeit bis 1945. Infolge der aus Mangel an Traktoren großen Dringlichkeit des Bauvorhabens blieb keine Zeit, um die einzelnen Baukomponenten zu überarbeiten, geschweige denn neu zu entwerfen. Daher griff man fast ausschließlich auf erprobte und bewährte Bauteile zurück, die zu diesem Zweck allerdings vorhanden sein mussten. Das prägnanteste Beispiel war die schöne, halbrunde Motorverkleidung, die exakt der späteren Version des MBA (früher O & K)-Schleppers SA 751 entsprach, denn die hierfür notwendigen Presswerkzeuge hatten Krieg und Demontage zum Glück unbeschadet überstanden. Zunächst in Lizenz wurde der 22 PS starke Zweizylinder-Deutz-Diesel F 2 M 414 nachgebaut und später durch ein leicht geändertes, eigenes Aggregat ersetzt. Ähnlich lagen die Dinge beim Getriebe, wobei das IFA-Getriebewerk Gotha das vormals im Normag-Schlepper verwendete ZF-Vierganggetriebe A 12 einfach nachbaute. Auch die ungefederte Pendelvorderachse stammte von diesem Schleppermodell. An dieser Stelle sei ausdrücklich betont, dass diese Ausführungen keinesfalls auf eine mangelnde Befähigung der DDR-Konstrukteure schließen lassen. An guten Ideen hat es niemals gefehlt, aber ihre Bemühungen fielen den zu ständigen Improvisationen zwingenden Bedingungen des Wirtschaftssystems weitgehend zum Opfer. Trotz allem – oder gerade deshalb – entstand ein stark belastbarer, solider Schlepper in betont konventioneller Bauweise. In den ersten Jahren blieb die Brockenhexe, deren Bau 1952 auslief, ein beliebtes, äußerst wendiges und zuverlässiges Arbeitsmittel.

IFA Radschlepper RS 03/30 Aktivist

In der Terminologie der DDR-Radschlepper als Dritter im Bunde erschien ebenfalls noch im Jahr 1949 ein unter dem Namen „Aktivist“ bekannt gewordener Traktor. Damit traten die IFA Brandenburger Traktorenwerke (BTW) als drittes Branchenmitglied in der DDR in Erscheinung. Der RS 03/30 basierte auf dem, seit 1948 begonnenen, allerdings misslungenen Entwurf eines Generatorschleppers. Heraus kam ein äußerst hochbeiniges und recht unbeholfen wirkendes Fahrzeug mit kurzem Radstand. Dadurch wirkt der Aktivist zwar nicht im klassischen Sinne als „schön“, dafür aber recht eigenwillig. Der wassergekühlte Zweizylinder-V-Diesel mit 3.325 cm^3 Hubraum arbeitete mit einer Kombination aus Luftspeicherverfahren und Direkteinspritzung. Er besaß eine quer liegende Kurbelwelle, war längs eingebaut und musste mit einer Zündpatrone von Hand angelassen werden. Seine Leistung lag bei 30 PS bei 1500 Touren und er war mit einem Vierganggetriebe, das fast genau dem Prometheus-Baumuster ASS 14 entsprach, verblockt. Einen besonderen Grund zur Klage gaben die bei der ersten Bauausführung ungenügend belasteten Vorderräder, was seit 1950, wie hier im Bild, zwar verbessert, aber nicht grundlegend behoben werden konnte. Auch aus technischen Gründen und mangelnder Zuverlässigkeit konnte der RS 03/30 der hohen Aufgabe „die Ernährung des Volkes aus eigenen Mitteln zu sichern“ nur eingeschränkt gerecht werden. Wie eine zeitgenössische Schrift ausführte „verbot es die Dringlichkeit der Aufgabe, Zeit mit der Erprobung von Neukonstruktionen zu verlieren“. Daher musste, der Notlage folgend, auf vorhandene, nicht immer miteinander korrespondierende Bauteile zurückgegriffen werden. Der Bau des Aktivist musste bereits 1952 vorzeitig beendet werden. Dem ist nichts hinzuzufügen.

IFA Geräteträger 08/15 Maulwurf

Der Geräteträger, eine Kombination aus Schlepper und Arbeitsmaschine, spielte in der früheren DDR eine große Rolle. Auf diesem Gebiet hatten die DDR-Konstrukteure unbestritten die Nase vorn. Bereits 1949 war das erste Funktionsmuster einer solchen Allzweckmaschine – zugleich auch die erste Neuentwicklung der noch im Anfangsstadium befindlichen Traktorindustrie – fertig. Nach entsprechender Weiterentwicklung lief der Bau des Geräteträgers Maulwurf 1952 bei den Schönebecker Traktorenwerken an. Er war eine ausgesprochene Einmannmaschine, an der nach dem Stand von 1955 insgesamt 41 unterschiedliche Anbaugeräte wie Grubber, Hackrahmen, Drillschare, Kartoffelroder und andere vorne, hinten und zwischen den Achsen angebracht werden konnten. Ein großer Nachteil war die nicht vorhandene Hydraulik, weshalb die Anbaugeräte zwar federunterstützt aber doch durch Hebel und Muskelkraft gehoben und gesenkt werden mussten.

Ein weiterer Schwachpunkt dieses mit einem reversierbaren Vierganggetriebe mit jeweils acht Vorwärts- und Rükkwärtsgängen ausgerüsteten Geräteträgers blieb die motorische Bestückung des RS 08/15. Der mit nur 684 Kubik Hubraum kleine, 15 PS starke, sehr hochdrehende, vom Pkw IFA F 8 abgeleitete, wassergekühlte Zweizylinder-Zweitakt-Vergasermotor erwies sich – trotz mancher Verbesserungen – im rauen Alltagsbetrieb als zu wenig standhaft. Vor allem auch deshalb, weil der unverändert vom Pkw-Motor übernommene, bei der Staubentwicklung in der Landwirtschaft völlig unzureichende Luftfilter zu häufigen Ausfällen führte. Erst nachdem fast ein Drittel der bis 1956 gebauten 5.751 Fahrzeuge ausgeliefert war, konnte Abhilfe geschaffen werden. Trotz allem leistete der 08/15 – nicht zu verwechseln mit dem wassergekühlten deutschen Maschinengewehr aus dem 1. Weltkrieg – der DDR-Landwirtschaft gute Dienste.

IFA Radschlepper RS 04/30

Nachdem im Jahr 1953 feststand, dass das Schlepper-Neubauprogramm in der DDR zu einem erheblichen Teil Schiffbruch erlitten hatte, tat sich eine große Entwicklungslücke auf, die in den nächsten Jahren nicht abgedeckt werden konnte. Derzeit befand sich einzig die bereits 1949 eingeleitete Entwicklung eines Vielzweckschleppers – im Übrigen der erste eigenständig konstruierte Vierradtraktor der DDR – kurz vor der Fertigstellung. Hierbei handelte es sich um den Radschlepper RS 04/30, also die vierte Traktorkonstruktion des Landes mit 30 PS Motorleistung. Der Serienbau des mit dem wassergekühlten Zweizylinder-Wirbelkammer-Diesel EM 2-15 mit 3.012 cm³ Hubraum aus Eigenproduktion (EM = Einheitsmotor) bestückten Schleppers begann 1953. Das Fünfganggetriebe besaß eine Zusatzstufe, mit der die gleiche Anzahl an Kriechgeschwindigkeiten, also zehn Vorwärts- und zwei Rückwärtsgänge, ermöglicht wurde. Neben der hinteren Getriebezapfwelle befand sich auch eine über eine Stahllamellenkupplung von der Kurbelwelle abgeleitete Frontzapfwelle am Fahrzeug. Verglichen mit dem konstruktiv wenig gelungenen Aktivist war der RS 04/30 – obwohl mit jenem leistungsmäßig identisch – durch seine günstigere Gewichtsverteilung viel besser zu handhaben und auch vielseitiger einsetzbar. Er war ein recht solider, mittelschwerer Traktor in konventioneller Bauart, der durchaus auf der Höhe seiner Zeit stand. Es handelte sich aber viel eher um einen Universalschlepper für herkömmliche Betriebsgrößen und infolge seiner großen hinteren 9-40er-Allzweckbereifung für Arbeiten in Reihenkulturen, der sich nur wenig für die spätere großflächige Bewirtschaftung eignete. Von ihm entstanden bis 1956 insgesamt 7.574 Fahrzeuge.

International Harvester Dieselschlepper DF 25

Wie erinnerlich, hatten schon vor dem Krieg die Neusser IH-Werke den einzigen in Deutschland noch angebotenen Vergaserschlepper produziert. Bald nach Kriegsende erkannten sowohl die Neusser Geschäftsleitung, vor allem aber auch die letztlich verantwortliche Konzernzentrale in Chicago, dass mit den auf den amerikanischen Markt zugeschnittenen Vergasertraktoren sowohl in der Bundesrepublik als auch in Europa kein Blumentopf mehr zu gewinnen war. Die roten Traktoren standen mit dieser Antriebsart allein auf weiter Flur. Die stark gesunkene Nachfrage nach Vergaserschleppern signalisierte mehr als deutlich, dass schnellstmöglich ein moderner Dieselschlepper her musste, wollte man den Anschluss an den hiesigen Markt nicht verlieren. Daher stand vordergründig die Entwicklung eines zeitgemäßen Dieselmotors auf dem Programm. Mit dem Modell DF 25 konnte Ende 1951 endlich der erste Dieselschlepper mit einem eigengefertigten Motoraggregat vorgestellt werden. Er löste sämtliche bis dahin gebaute F-Typen ab. Unter der wohlgeformten roten Haube arbeitete ein wassergekühlter Vierzylinder-Wirbelkammer-Diesel mit 2.043 cm^3, der 25 PS bei 1800 Touren mobilisierte und mit einem sehr ruhigen Lauf aufwarten konnte. Art und Lage der Glühkerzen gaben dem Motor ein hervorragendes Startverhalten auch in der kalten Jahreszeit. Die Konstruktion des Schleppers selbst erfolgte in Blockbauweise unter Verwendung eines Hilfsrahmens. Der gerade noch rechtzeitig erschienene DF war ein starker Allzweckschlepper seiner Leistungsklasse und wies im ersten Gang eine Zugkraft von 1580 kg am Haken auf. Auf ebenem Untergrund konnte er eine Anhängelast von 21 Tonnen in Bewegung setzen. Er blieb bis 1953 in der Produktion.

International Harvester Dieselschlepper Farmall DGD 4

Obwohl sich der neue DF 25 recht ordentlich verkaufte, waren die Absatz- und Zulassungszahlen auf dem deutschen Markt insgesamt noch recht unbefriedigend und stark verbesserungsbedürftig. Auch die amerikanische Konzernspitze sah ein, dass ein dringender zusätzlicher Handlungsbedarf bestand und gab grünes Licht zur Entwicklung einer auf den deutschen und europäischen Markt ausgerichteten Schlepperreihe. Diese aus drei Modellen mit 14, 20 und 30 PS Motorleistung bestehende, unter dem Schriftzug „Farmall" laufende Serie wurde 1953 vorgestellt. Ihre Konstruktion erfolgte nach dem Baukastensystem. Dabei war das inoffiziell als „Deutscher Groß-Diesel" bezeichnete Modell DGD 4 – die Ziffer „4" stand für die Anzahl der Zylinder – das stärkste davon. Der wiederum betont ruhig laufende Vierzylinder-Diesel mit Wasserkühlung hatte 2.175 Kubikzentimeter Hubraum und gab 30 PS bei 1750 Umdrehungen ab. Das Getriebe bestand aus fünf (später sechs) Vorwärtsgängen und einem Rückwärtsgang, mit denen immerhin 26,6 km/h erreicht werden konnten. Mit 2.160 Kilogramm besaß der DGD 4 eine überdurchschnittliche Zugkraft in seiner Klasse. Es war ein kraftvoller Schlepper der oberen Mittelklasse, für den eine sehr reichhaltige werkseitig vorhandene Ausrüstung und entsprechendes Sonderzubehör – von der Motorzapfwelle bis zum Wittenburg-Frontlader – bereitstand. Das ausgesprochen geringe Gewicht von nur 1295 kg, die verhältnismäßig große Bodenfreiheit sowie verstellbare Spurweiten erleichterten viele Arbeiten. Der DGD 4, der sich durch seine hohe Geschwindigkeit auch für Straßentransporte eignete, brachte es mit seinen bis 1956 verkauften 8.130 Einheiten zu einer großen Beliebtheit.

International Harvester Dieselschlepper Farmall D 320

Das IH-Werk in Neuss stellte 1956 die völlig neue D-Schlepperserie vor, wobei das „D" in der Typenbezeichnung im Rahmen des global tätigen IH-Konzerns auf das Herkunftsland Deutschland verwies. Während die Bezeichnung „Farmall" zu Deutsch so viel wie „Allzweckschlepper" bedeutete, gab die dreistellige Modellbezeichnung mit der ersten Ziffer die Zylinderzahl des im jeweiligen Modell eingebauten Motors, die beiden weiteren die Motorleistung in PS an. Äußerlich unterschieden sich die neuen, zunächst aus fünf Fahrzeugen bestehenden Farmall-Schlepper durch eine kantig-markante Motorverkleidung und das neue Kühlerschutzgitter, auf dem das verchromte IH-Logo mittig oben angebracht war. Die ganze Reihe war nebenbei auch sehr zweckmäßig und einheitlich gestaltet und wirkte wie aus einem Guss. Die Frontscheinwerfer wurden erstmals vorne seitlich an das Frontgitter montiert. Daneben konnten die Reihenmitglieder mit einer Vielzahl weiterer sinnvoller Verbesserungen aufwarten, wozu zum Beispiel auch der vorbildlich gestaltete Fahrstand gehörte. Dass diese Fahrzeuge ebenfalls nach dem Baukastensystem konstruiert waren, gehörte zu den Selbstverständlichkeiten. Der Farmall D 320 verfügte als mittelschwerer Ackerschlepper über einen Dreizylinder-Wirbelkammer-Diesel mit Wasserkühlung und 1631 cm^3 Hubraum. Dieser erzeugte 20 PS bei 1900 Umdrehungen. Der Motor war mit einem Sechsganggetriebe verblockt, das 19,6 km/h Höchstgeschwindigkeit zuließ. Nicht nur den Verkaufszahlen nach zu urteilen – allein vom D 320 waren es bis 1962 13.298 Stück – waren diese Schlepper bei den Landwirten sehr beliebt, zumal die Konstruktionen auch starken Beanspruchungen gewachsen waren.

Kögel Dieselschlepper K 25

Der Münchner Baumaschinenfabrikant Kurt Kögel war ein weiterer branchenfremder Hersteller, der sich nach Kriegsende dem Schlepperbau zu widmen begann. Bevor man 1949 mit dem ersten Ackerschlepper hervortrat, hatte Kögel einige Erfahrungen in diesem Metier bei der Umrüstung von Holzgasfahrzeugen auf Dieselantrieb sammeln können. Ein besonderes Merkmal aller Kögel-Traktoren war die sehr ansprechende, halbrund ausgebildete Kühlerverkleidung dieser Fahrzeuge. Zu ihrer Zeit – und auch noch heute – waren es formschöne Modelle in guter und solider Verarbeitungsqualität. Weiterhin typisch waren die recht breit ausgefallenen Kotflügel über den Vorder- und Hinterrädern, die zwar den Fahrer vor Schmutz und Spritzwasser bewahrten, andererseits aber sein Blickfeld auf den Fahrweg spürbar einengten. Kögel musste, da die Fertigungsmöglichkeiten eigener Bauteile gering waren, die meisten Komponenten dazukaufen und diese zusammen mit der in Eigenleistung erstellten Teile montieren. Nicht zum Konfektionsrepertoire zählte freilich die zum Patent angemeldete Pendelvorderachse, die an einem unmittelbar am Motor angehängten, stabilen Schwingarm befestigt war. Im seit 1949 gebauten K 25 arbeitete mit dem Henschel-Motor 515 DE ein für den Antrieb von Ackerschleppern eher unübliches Aggregat. Es war ein wassergekühlter Zweizylinder mit 1590 Kubik, der nach dem Luftspeicher-Verbrennungsverfahren funktionierte und 22 PS bei 2.000 Umdrehungen abgab. Er war mit einem Fünfganggetriebe der Zahnradfabrik Augsburg verblockt. Die Kögel-Modelle waren hauptsächlich auf Einsätze im bayerischen Bergland ausgerichtet. 1954 beendete Kurt Kögel sein Engagement im Schlepperbau.

Kramer Dieselschlepper K 22 Th

Bei den Kramer-Werken war im September 1948 der Weiterbau der Vorkriegsmodelle K 12 und K 18 wieder angelaufen. Diese unter dem einprägsamen Namen „Allesschaffer" angebotenen einfachen Kleinschlepper hatten sich besonders bei den kleinen bäuerlichen Familienbetrieben im süddeutschen Raum einen guten Ruf erworben. Über einen mangelnden Zuspruch brauchte man sich auch jetzt nicht beklagen. Einzig und allein die Verdampfungskühlung bereitete zunehmend Kopfzerbrechen, denn die Traktoren wurden nicht nur als Zugfahrzeuge, sondern immer häufiger auch für Ackerarbeiten eingesetzt, was einen erhöhten Wasserverbrauch zur Folge hatte. Daher mussten die Bauern oftmals einen Wasservorrat mitführen. Traktoren, die über eine geschlossene Umlaufkühlung verfügten, kannten dieses Problem nicht. Aus diesem Grund ging man zeitgleich mit der Neuentwicklung eines Fünfganggetriebes bei Kramer auch dieses Problem an. Rechtzeitig zum 50-jährigen Firmenjubiläum im Januar 1950 verließ das erste Fahrzeug des Modells K 22 Th die Werktore. Dieser als Jubiläumsmodell bekannt gewordene Traktor hatte eine moderne, nach hinten klappbare Motorhaube erhalten. Neben dem Fünfganggetriebe verfügte er über eine Thermosyphon-Umlaufkühlung, die – ohne mit einer Wasserpumpe ausgerüstet zu sein – über einen geschlossenen Wasserkreislauf verfügte. Ein markantes Merkmal an diesem Schlepper war das große Schwungrad, das gleichzeitig als Riemenscheibe diente. Für die Fortbewegung sorgte ein Einzylinder-Wirbelkammer-Diesel von Güldner mit 1639 cm^3 Rauminhalt und 22 PS bei 1500 Umdrehungen. Bis 1951 entstanden insgesamt 1239 dieser sehr robusten Allzweckmaschinen.

Kramer Dieselschlepper K 12 V

Obwohl mit dem Modell K 12 Th seit März 1950 ein thermosyphongekühlter mit 12 PS wesentlich kleinerer Traktor angeboten wurde, hatte der Absatz dieses neuen Modells unter dem recht hohen Preis zu leiden. Denn ausgerüstet mit dem neuen Fünfganggetriebe kostete dieses Kramer-Modell 5.680 DM, ein für die damalige Zeit ganz beachtlicher Preis. Mit dem ab Juni 1950 wiederum als Verdampferschlepper lieferbaren Modell K 12 V „Allesschaffer" hingegen, konnten die Kramer-Werke einen regelrechten Verkaufsschlager präsentieren. Auf der im selben Jahr stattfindenden DLG-Ausstellung in Frankfurt war dieser zudem mit der neuen verrundeten Haube ausgestattete kleine Rahmenbauschlepper mit 3.575 DM mit Abstand das preiswerteste Fahrzeug der ganzen Messe. Mit Rücksicht auf ihre knappen finanziellen Mittel nahmen viele Bauern das überholte Kühlsystem in Kauf und entschieden sich für den viel billigeren K 12 V. Auch wenn das bedeutete, dass der Bauer unter Umständen gezwungen war, den Wasserverlust aus einem Bach ergänzen zu müssen. Bereits bei Ausstellungsende war die gesamte Jahresproduktion verkauft, bis September 1952 sollten insgesamt 4.015 Einheiten – im Gegensatz zu lediglich 555 beim K 12 Th – vom Band rollen. Dieser einfache Schlepper bedeutete für viele Kleinlandwirte den Einstieg in die Motorisierung. Mit diesem Traktor konnten – teilweise über die Zapfwelle – nahezu alle Anbau- und Anhängegeräte wie Pflug, Egge, Sämaschine, Kultivator, Walze, Grubber, Bindemäher, Kartoffelroder und Heuwender verwendet und betrieben werden. Darüber hinaus bewies er seine Eignung als Mähschlepper und als stationäre Antriebsquelle mithilfe der Riemenscheibe.

Kramer Dieselschlepper KB 22

Als neuer 22-PS-Allesschaffer wurde das seit Mai 1951 von den Kramer-Werken gefertigte Modell KB 22 bezeichnet. Damit trat dieser mit einer neuen formschönen Kühlerhaube versehene, mit einigen Verbesserungen ausgestattete Schlepper die Nachfolge des Jubiläumsmodells K 22 Th an. Technisch optimiert wurde das Kühlsystem, denn im Gegensatz zur Thermosyphonkühlung beim Modell Th verfügte der jetzt installierte wassergekühlte Zweizylinder-Wälzkammer-Diesel des Baumusters 2 DA von Güldner über ein noch wirksameres, mit einer Pumpe ausgestattetes Wasserumlaufsystem. Zum Einbau gelangte das Fünfgang-ZF-Getriebe A 9. Infolge Lieferschwierigkeiten wurde in der Bauvariante KB 22 c zeitgleich ein moderneres Kramer-Fünfgang-Gruppengetriebe mit Kriechganguntersetzung, mit der zehn Vorwärts- und zwei Rückwärtsgänge zur Verfügung standen, eingebaut. Beide Varianten wurden mit einer automatischen Steuerrad-Lenkbremse ausgerüstet, mit der der Schlepper praktisch auf der Stelle wenden konnte. Die Anbringung des Mähantriebs am Blockgehäuse hatte man ebenfalls überarbeitet, wodurch die Bodenfreiheit auf 370 mm anstieg. Der KB 22 zählte zu den mittelschweren Traktoren mit einer pendelnd aufgehängten und gefederten Stahlvorderachse. Erstmals waren bei diesem Modell die Scheinwerfer zu ihrem Schutz hinter das Kühlerschutzgitter verlegt. Es war ein leistungsstarker Zug- und Universalschlepper, der, solide und gut verarbeitet, durch eine große Zuverlässigkeit und Beliebtheit bei den Bauern glänzen konnte. Zumal für diesen Traktor ein reichliches Zubehör zur Verfügung gestellt wurde, wozu auch ein hydraulischer Dreipunktkraftheber und eine Seilwinde zählten.

Kramer Dieselschlepper KA 15

Das Verkaufsprogramm der Kramer-Werke umfasste Mitte der 50er-Jahre zahlreiche luft- und wassergekühlte Traktoren mit Motorleistungen zwischen 11 und 45 PS. Im niedrigsten Leistungsbereich bestand noch eine Angebotslücke, die man ab Juli 1954 mit dem 15-PS-Modell K 15 schließen konnte. Zum Antrieb dieses Fahrzeugs wurde der bewährte wassergekühlte, nach dem Wirbelkammerverfahren arbeitende Zweizylinder MWM-Diesel KD 211 Z mit einem Hubraum von 1250 Kubik und 15 PS Leistung bei 2.000 Touren verwendet. Da der werkeigene Getriebebau mehr als ausgelastet war, musste für diesen Schlepper das ZF-Fünfganggetriebe A 5 dazugekauft werden. Ab August 1955 gab es diesen 15-PS-Traktor auch mit dem hauseigenen Gruppenschaltgetriebe der Baugruppe I als KA 15. Dieses neuzeitliche Triebwerk besaß zehn Vorwärts- und zwei Rückwärtsgänge und ermöglichte es dem 1,1 Tonnen wiegenden Fahrzeug eine Höchstgeschwindigkeit von 19,5 km/h zu erreichen. Werkseitig war der KA 15 mit einer ungefederten Pendelvorderachse ausgestattet, die es auf Wunsch auch mit einer Einzelradfederung – wie auf dem Bild zu sehen – gab. Ebenfalls auf Sonderbestellung lieferbar waren Zusatzgewichte, Windschutzscheibe und Verdeck, eine Dreipunkthydraulik mit 520 Kilo Hubkraft an der Ackerschiene sowie ein Seitenmähwerk. Getriebezapfwelle, Differenzialsperre, Mähantrieb, Anlass- und Beleuchtungsanlage, Einzelradlenkbremsen und vieles andere gehörten bereits zum werkseitig vorhandenen Lieferumfang. Es war ein typischer Kleinschlepper, der den Bedürfnissen ebensolcher Betriebe entsprach. Der KA 15 blieb bis zum Herbst 1959 im Programm und verkaufte sich insgesamt 2.305 Mal.

Lanz Bulldog D 1706, Typ HE (Halbdiesel)

Die Mannheimer Lanz-Werke verharrten auch nach Kriegsende bei den alten Konstruktionsprinzipien des liegenden Einzylindermotors. Immerhin aber sah man ein, dass der einstmals so stark nachgefragte Glühkopfbulldog seine Rolle gespielt hatte, und keine zeitgemäße Lösung mehr war. So ging die Entwicklung dahin, den alten Motor zu aktualisieren. Man unterzog dieses Aggregat tief greifenden Modernisierungen und konnte dabei in Teilbereichen beachtenswerte Ergebnisse erzielen. Zunächst führten diese Bemühungen zur Aufgabe des Glühkopfes und damit zum sogenannten Halbdieselmotor, der 1952 fertig wurde. Vor allem durch erheblich niedrigere Kraftstoffverbräuche, die bis zu einem Drittel niedriger als bei vergleichbaren Dieselmotoren lagen, traten die neuen Motoren positiv hervor. Der Anlassvorgang erfolgte jetzt durch einen per Druckknopf zu betätigenden elektrischen Pendelanlasser. Der Motor startete dann mit einem Benzin-Diesel-Gemisch und wurde nach den ersten Umdrehungen auf den wirtschaftlicheren Dieselbetrieb umgestellt. Das kleinste Halbdieselmodell war der Typ D 1706, ein 17-PS-Schlepper, der seine Leistung bei 950 Umdrehungen hergab. Das Getriebe arbeitete wie bisher mit sechs Vorwärts- und zwei Rükkwärtsgängen und war bis 18,8 km/h ausgelegt. Die neuen Bulldogs waren – ganz im Gegensatz zu den herkömmlichen Glühkopfmodellen – von einer recht zierlichen Bauweise. Auch das Motorengeräusch war viel, viel leiser als bei den Bulldogs gewohnt, sodass manche Lanz-Kunden den falschen Schluss einer verminderten Leistungsfähigkeit zogen, was aber keineswegs der Fall war. Trotz allem waren die bis 1955 erzielten Verkaufserfolge mit 7.328 Fahrzeugen sehr beachtlich.

Lanz Bulldog D 2806, Typ HN (Halbdiesel)

Zu den im November 1952 vorgestellten Halbdieselbulldogs zählte neben dem 17-PS-Typ D 1706 und dem 22 PS starken D 2206 das zunächst als Spitzenmodell dieser noch im Aufbau befindlichen Reihe geplante Modell D 2806. Dieser kräftige Schlepper trat als direkter Nachfolger des Glühkopf-Allzweckmodells D 7506 aus der HN 3-Typenreihe an, dessen Bau zeitgleich beendet wurde. Er markierte mit seiner Mehrleistung von drei Pferdestärken gleichzeitig eine höhere Leistungsklasse. Sowohl seine hohe, serienmäßig vorhandene Allzweck-Hinterradbereifung mit Stahlspeichenfelgen in der Größe 9-42 als auch seine Vorderräder waren mit dem D 7506 identisch. Auch im übrigen Gesamtaufbau ähnelte er diesem sehr. Der Zylinder des mit einer Benzinstarteinrichtung ausgerüsteten Mitteldruckmotors hatte einen Hubraum von 3.711 Kubikzentimetern und erzeugte 28 PS bei 850 Umdrehungen; das bekannte Sechsganggetriebe blieb erhalten. Durch Anbringung einer neuen Auspuffanlage, aber auch durch Verringerung der im Motor bewegten Massen infolge Verwendung von Leichtmetallkolben anstelle der früheren Graugusskolben zählte auch dieser Halbdieselbulldog zu den ruhigsten und leisesten seiner Art. Nicht vom Allzweckmodell D 7506 übernommen wurde die gewohnte Gabelvorderachse, die man durch eine nach oben abgewinkelte, einzelradgefederte Faustvorderachse ersetzte. Neben dem regulären Dieselkraftstofftank mit 50 l Inhalt war für den Startvorgang auch ein kleiner 4-Liter-Benzintank vorhanden. Die Qualitäten der neuen Lanz-Maschinen sprachen sich herum und waren die Hauptursache dafür, dass Lanz im Geschäftsjahr 1953 – nur knapp hinter Deutz – wieder auf Platz zwei in der Zulassungsstatistik aufrücken konnte. So gut diese Schlepper auch waren, letztendlich konnten diese Modelle dem Hersteller nur eine kurze Scheinblüte bescheren.

Lanz Bulldog D 6006, Typ HR (Halbdiesel)

Einst stellten bei Lanz gerade die schweren Modelle ein nicht unbedeutendes Standbein im Verkaufsprogramm dar. Da man in Mannheim über lange Zeit hinweg keinen zeitgemäßen Schlepper in dieser Größenordnung anbieten konnte, lief man Gefahr, diesen traditionellen und treuen Abnehmerkreis an die Mitbewerber zu verlieren. Denn weder für die großen Ackerluft-Glühkopf- noch für die Verkehrs- oder gar Eilbulldogs gab es einen adäquaten Ersatz. Erst 1955, als es schon fast zu spät war, reagierte man entsprechend und stellte die ersten schweren Halbdieselmodelle vor. Mit 50 bzw. 60 PS waren dies sehr leistungsstarke Fahrzeuge, die bis 1962 – seit 1958 auch in der grün-gelben John Deere-Lackierung – im Programm blieben. In ihrem Erscheinungsbild wichen die neuen Schlepper, die äußerlich kaum voneinander zu unterscheiden waren, erheblich von ihren Glühkopf-Vorgängern ab. Die seitlichen Schwungräder und der links positionierte Auspuff ließen allerdings schon auf den ersten Blick erkennen, dass es sich um Lanz-Bulldogs handelte. Es waren schon gewaltige, sehr beeindruckende Maschinen, deren Kraft man bereits erahnen konnte. Der Einzylinder des D 6006 mit 7.372 Kubik erzeugte 60 PS bei 800 Touren. Das 3.840 kg schwere Fahrzeug war mit dem üblichen Sechsganggetriebe bis 19,7 km/h ausgerüstet und unterschied sich nur durch die nicht vorhandenen drei zusätzlichen Kriechgänge von der Bauvariante D 6016. Der schwere Bulldog war unverwüstlich und mit 3.615 kg Zughakenkraft überaus zugstark. Aufgrund seiner Größe kam er praktisch ausschließlich in Großbetrieben, Lohnunternehmen und im Forst zum Einsatz. Im unabhängigen Marburg-Test wurde ihm die beachtliche Dauerleistung von 66,1 PS bescheinigt – ein weiterer Beweis dafür, dass die Lanz-Motoren durchweg mehr hergaben als ihnen auf Typenschild oder Papier bescheinigt wurde.

Lanz Dieselschlepper D 2416, Typ HE

Lanz stellte 1955 eine neue, aus vier Typen bestehende Bulldog-Generation vor, die heute allgemein als Volldieselreihe bezeichnet wird. Die Schlepper mit 16, 20, 24 und 28 PS gehörten einer genormten Typenreihe an, d. h. sie wurden im sogenannten Baukastensystem, mit einer weitgehenden Austauschmöglichkeit der Komponenten, erstellt. Es gab zwei hinsichtlich der Bohrung und damit des Hubraums unterschiedliche Motoren, deren Leistungsunterschiede aus den verschiedenen Drehzahlbereichen und Kraftstoff-Einspritzmengen resultierten. So verfügten die beiden stärkeren Modelle über ein Aggregat mit größerem Hubvolumen. Mit ihren glatten, abgerundeten, nach vorn hochklappbaren Motorhauben waren es optisch sehr formvollendete Fahrzeuge, die ein zeitlos schönes Bild vermittelten. In technischer Hinsicht konnten die neuen Fahrzeuge – bis auf den nicht mehr zeitgemäßen liegenden Einzylinder-Zweitakt-Dieselmotor – durchaus mithalten. Der D 2416 als das mit 24 PS zweitstärkste Fahrzeug, entsprach in seiner Ausrüstung dem Modell D 2816. Der leistungsmäßig in der Mittelklasse angesiedelte 1490 kg schwere Dieselbulldog war als Allein- und Universalschlepper für mittelgroße Betriebe konzipiert. Auf Wunsch stand eine Motorzapfwelle mit Doppelkupplung zur Verfügung, mit der nicht allzu schwere zapfwellengetriebene Anhängegeräte wie Mähdrescher und Vollerntemaschinen erfolgreich eingesetzt werden konnten. Das Getriebe besaß sechs Vorwärts- und zwei Rückwärtsgänge, zu denen ab 1957 serienmäßig drei zusätzliche Kriechgänge kamen. Die Bulldogs wurden bis 1960 in immer geringeren Stückzahlen verkauft und erhielten ab September 1958 auch die grün-gelben John Deere-Werkfarben.

Lanz Dieselschlepper D 4016, Typ HN

Als leistungsstärkstes Modell der bereits im Mai 1955 vorgestellten neuen Volldiesel-Bulldog-Reihe präsentierte Lanz zwei Jahre später den D 4016, die letzte eigene Neuentwicklung. Dieser Bulldog sollte die bestehende, recht große Lücke zwischen den Halbdieseln der 36-PS-Leistungsklasse und den 50-PS-Maschinen schließen. Darüber hinaus sollte der D 4016 sozusagen das Musterfahrzeug sein für die in den folgenden zwei Jahren durchzuführende Umarbeitung der damals noch als Halbdiesel gebauten schweren Typen D 5006 und D 6006. Infolge der durch Übernahme der Aktienmehrheit durch den amerikanischen Hersteller Deere & Company geänderten Besitzverhältnisse sollte es nicht mehr dazu kommen. Daher blieb dieser fortschrittliche 40-PS-Bulldog ein Einzelgänger. In seiner ausgewogenen Formgebung entsprach er den kleineren Modellen der Volldieselreihe.

Sein kraftvolles Erscheinungsbild wurde durch die sehr großen Hinterräder mit Muschelkotflügeln noch verstärkt. Die Motorhaube konnte auch hier nach vorn geklappt werden. Der immer noch thermosyphongekühlte Einzylinder mit seinem Hubraum von 4.222 Kubik leistete 40 PS bei 1000 Umdrehungen. Er war mit einem Sechsganggetriebe mit zusätzlichen drei Kriechgängen verblockt. Die Höchstgeschwindigkeit lag bei 19,5 km/h. Dieser starke Bulldog war in erster Linie für schwere Zug- und Zapfwellenarbeiten vorgesehen. Zu diesem Zweck konnte er mit einer unabhängigen Zapfwelle ausgestattet werden. Dreipunkthydraulik, Seilwinde, Druckluftbremsanlage und anderes in dieser Klasse übliches Sonderzubehör standen darüber hinaus zur Verfügung. Mit seinem „lanzblauen" Farbton mit roten Felgen vermittelte der D 4016 ein zeitlos schönes Bild.

Hela (Hermann Lanz) Dieselschlepper D 112

Das Schlepperbauprogramm der Aulendorfer Hermann Lanz-Werke – mit dem größeren Hersteller in Mannheim weder verwandt noch verschwägert – bestand in den 50er-Jahren aus mehreren Traktormodellen zwischen 15 und 40 PS Motorleistung. Da der Mannheimer Namensvetter, die Heinrich Lanz AG, den allergrößten Wert auf eine deutliche Unterscheidungsmöglichkeit zu seinen Produkten legte, musste Hermann Lanz einer Namensänderung seiner Erzeugnisse in „Hela" zustimmen. Die Schwerpunkte der Hela-Traktoren lagen eindeutig im unteren Leistungsbereich – ein Segment, das gerade während der landwirtschaftlichen Motorisierungswelle besonders bedeutsam war. Umso stärker war Hela von dem bald folgenden, gerade hier zu verzeichnenden Absatzrückgang betroffen. Als kleinstes Modell entstand Anfang 1952 unter der Bezeichnung D 12 S ein übersichtlicher und wendiger, mit einem 12-PS-Einzylinder-Wirbelkammer-Diesel mit 850 Kubik Hubraum von MWM ausgerüsteter Kleinschlepper, der sich im Einsatz bewährte und gut verkaufte. 1955 kam mit dem Typ D 112 ein weiterer Kleinschlepper auf den Markt, der im Unterschied zum weitergebauten D 12 S über ein neues, um einen voll belastbaren Kriechgang erweitertes Hela-Getriebe verfügte. Der Einbau dieses weiterhin mit fünf Vorwärtsgangstufen ausgebildeten Triebwerks hatte zur Folge, dass der gesamte Schlepperaufbau niedriger gehalten werden konnte. Gab es bereits den D 12 S wahlweise mit einem wasser- oder luftgekühlten Motor, war dies beim D 112 ebenfalls der Fall. Ohne Zweifel handelte es sich bei allen Hela-Traktoren um solide verarbeitete, gut durchkonstruierte Fahrzeuge, die ihre Besitzer nur höchst selten im Stich ließen. Der Bau dieser Modelle endete im Jahr 1957.

MAN Dieselschlepper AS 330 A

Die Maschinenfabrik Augsburg-Nürnberg AG – MAN – nahm auf dem deutschen Traktorenmarkt der Nachkriegsjahre eine Sonderrolle ein. Bereits 1948 stellte dieser Hersteller mit einem 25-PS-Schlepper ein allradgetriebenes Fahrzeug der mittleren Leistungsklasse vor. Es war der erste deutsche vierradgetriebene Ackerschlepper nach Kriegsende. In den nächsten Jahren wurde das MAN-Fertigungsprogramm beständig durch neue, vielfach stärkere Modelle ausgebaut. Dazu zählte auch der im Jahr 1950 erstmals angebotene AS 330, den es – wie schon zuvor beim AS 325 – wahlweise auch als Hinterradschlepper gab. Im Grundaufbau entsprach dieser detailverbesserte Blokkbautraktor seinem Vorgänger. Er konnte allerdings mit einem neuen, stärkeren Motor aufwarten. Dieses war ein nach dem G-Verfahren mit direkter Strahleinspritzung arbeitender wassergekühlter Vierzylinder-Diesel mit 2.930 Kubik Hubraum und einer Leistung von 30 PS bei soliden 1500 Touren. Der in dieser Klasse nicht unbedingt häufige Vierzylinder bot Gewähr für eine große Laufruhe bei einem guten Massenausgleich. Es handelte sich um ein – wie von diesem Hersteller mittlerweile gewohnt – gut durchkonstruiertes Traktormodell in einer exzellenten Verarbeitungsqualität, die allerdings auch ihren Preis hatte. Hinterrad- wie Allradschlepper waren mit dem ZF-Fünfganggetriebe A 15 V verblockt. Die ebenfalls von der Zahnradfabrik Friedrichshafen eingekaufte Fronttriebachse konnte bei Bedarf und während der Fahrt zu- und abgeschaltet werden. Während die Zughakenkraft des Allradschleppers 2.000 kg betrug, konnte dieser auf einer ebenen Straße eine Anhängelast von 20 Tonnen in Bewegung setzen. 1955 wurden diese Modelle durch neue Typen im Verkaufsprogramm ersetzt.

MAN Dieselschlepper B 45 A

Bereits in den frühen 50er-Jahren wurden vor allem aus dem Ausland Forderungen nach höheren Motorleistungen für Ackerschlepper an den Hersteller herangetragen. So erhöhte man zunächst die Drehzahl des im Modell AS 330 installierten Vierzylindermotors auf 2.000 Touren und erhielt dadurch eine Leistungsausbeute von 42 PS. Von der Umstellung der gesamten Motorenproduktion auf das M-Verbrennungsverfahren profitierte auch dieser Motor, indem der Hubraum durch Vergrößerung der Zylinderbohrung auf 3.180 cm^3 gesteigert wurde. Die nun erzeugte Leistung betrug 45 PS bei gleicher Drehzahl. 1955 wurde dieser Motor mit dem modernen ZF-Siebengang-Triebwerk A 20/18 zu einer tragenden Einheit verblockt, wodurch sich das Modell B 45 A ergab. Dieser vierradgetriebene Schlepper besaß eine angetriebene gefederte Fronttriebachse und wurde in 581 Einheiten bis 1956 gebaut. Es war ein zu seiner Zeit sehr starker Traktor, der ohne weiteres eine Maximalzugkraft von 3.000 Kilogramm am Haken leisten sowie eine Anhängelast von 30 Tonnen bewältigen konnte. Vor allem dort, wo Geländebeschaffenheit, Bodenverhältnisse und das Anforderungsprofil die Verwendung eines solchen Schleppers unerlässlich machten, war dieser Allradtraktor in seinem Element. Für den Forsteinsatz konnte er mit einer 6-Tonnen-Seilwinde und für die Feldarbeit vor schweren gezogenen Mähdreschern und Vollerntern mit einer Motorzapfwelle mit Doppelkupplung, sowie mit anderem sehr reichhaltig vorhandenen Zubehör ausgerüstet werden. Ende 1956 wurde dieses Fahrzeug durch den nunmehr 50 PS starken 4 S 1 ersetzt, der von vornherein mit einem nach dem M-Verfahren konstruierten Motor bestückt war.

MAN Dieselschlepper B 18 A/I

Auffallend am MAN-Typenprogramm der frühen 50er-Jahre war die Tatsache, dass dieser Hersteller mit keinem Modell im Bereich der zu dieser Zeit sehr gängigen Kleinschlepper vertreten war. Die MAN, die ihre Marktlücke in starken, möglichst allradgetriebenen Fahrzeugen suchte, sah schließlich ein, dass sie auch in der kleineren Leistungsklasse präsent sein musste. 1953 begann der Serienbau des 18-PS-Traktors AS 718 A der – wie sollte es auch anders sein – ebenfalls ein allradgetriebenes Modell war. Eine hinterradgetriebene und damit preisgünstigere Variante gab es von ihm nicht. Dieses zunächst mit einem Fünfgang- später Sechsganggetriebe ausgerüstete Fahrzeug war mit einem Zweizylinder-Güldner-Motor bestückt, da ein geeignetes Aggregat im eigenen Motorenprogramm fehlte. 1955, als die Umstellung der Motorenfertigung auf das M-Verbrennungsverfahren erfolgte, kam auch der 18-PS-Schlepper in den Genuss dieses betont laufruhigen „flüsternden" Dieselaggregats. Über den seither unter der Typenbezeichnung B 18 A/I rangierenden Allradtraktor brauchte man in Bezug auf Solidität, Zuverlässigkeit und Verarbeitung keine Worte verlieren. Bei der Gesamtkonzeption tauchte aber die berechtigte Frage auf, ob sich der teure und aufwendige Allradantrieb für einen Traktor dieser geringen Leistungsklasse überhaupt rentierte. Denn mit 8.800 DM in der Grundausrüstung lag dieser teilweise mehr als 20 % über dem Preis seiner, allerdings nur hinterradgetriebenen Mitbewerber. Äußerlich sah man dem recht mächtig und stark wirkenden Modell keinesfalls an, dass ihm „nur" 18 PS Motorleistung zur Verfügung standen. 1957 lief seine Fertigung aus, nachdem bis dato immerhin fast 3.400 Einheiten verkauft werden konnten.

MAN Dieselschlepper 4 S 2

Mit der Aufnahme von 50-PS-Schleppern in das Verkaufsprogramm erreichte MAN 1956 den vorläufigen leistungsmäßigen Höhepunkt. Zunächst rüstete man die als 2 S 1 mit Hinterrad- und 4 S 1 mit Allradantrieb ausgestatteten Modelle mit hauseigenen Vierzylinder-M-Motoren mit 3.473 Kubik aus. Die Fahrzeuge waren mit dem erst im Vorjahr neu entwickelten klauengeschalteten ZF-Triebwerk A 20/18 mit sieben Vorwärtsgängen und einem Rückwärtsgang bestückt. Als Sonderausrüstung gab es dieses Getriebe mit drei zusätzlichen Kriechgängen sowie in einer schnellen Variante mit bis zu 29 km/h Höchstgeschwindigkeit. Bereits 1957 erfolgte eine erneute Modelländerung bei den schweren MAN-Schleppern. Jetzt stand ein hubraumstärkerer Motor mit 3.927 Kubik und gleicher Leistung zur Verfügung, der ebenfalls mit dem vorgenannten Getriebe verblockt die Schleppermodelle 2 S 2 (mit Hinterradantrieb) und 4 S 2 (mit Allradantrieb) ergab Aufgrund des größeren Hubvolumens waren diese Traktoren noch leistungsfähiger. Diese eindeutig zur Oberklasse zählenden Modelle wurden fast ausschließlich mit Allradantrieb geordert. Zweifelsohne bedeuteten sie den Höhepunkt im MAN-Schlepperbau. Diese mächtigen Fahrzeuge waren nicht nur heimisch in Großbetrieben, sondern auch in der Forstwirtschaft sowie im Bau- und Transportgewerbe anzutreffen. Die maximale Zughakenkraft auf der Straße lag bei 3.600 kg.

MAN Dieseltragschlepper 2 K 1

MAN wurde 1957 auch auf dem Sektor der Kleinschlepper aktiv. Leider war es dafür schon fast zu spät, denn die Zulassungszahlen in dieser Leistungsklasse waren bereits rückläufig. Trotz allem konnte man von dem 13 bzw. 14-PS-Schleppermodell 2 F 1 bis 1961 immerhin 6.091 Stück an den Mann bringen. So war es ein für diesen Hersteller völlig untypischer Traktor, der zum erfolgreichsten Modell seines Schlepperengagements wurde. 1957 stellte die MAN noch weitere Modelle mit 18 und 24 PS vor, unter denen sich auch Tragschlepper befanden. Mit dieser Maßnahme gedachte man die bisher nur sehr ungenügende Marktpräsenz in diesem zuvor vernachlässigten Bereich zu verbessern. Der hier gezeigte 2 K 1 (der 24-PS-Schlepper trug die Bezeichnung 2 L 1) war der leistungsschwächere von beiden. Seine motorische Ausrüstung bestand aus einem wassergekühlten Zweizylinder-M-Diesel mit 1304 cm³ Hubraum, der seine Höchstleistung von 18 PS bei 1800 Umdrehungen zur Verfügung stellte. Der Motor war verblockt mit dem ZF-Getriebe A 8/6, das über sechs Vorwärtsgänge und einen Rückwärtsgang verfügte. Aufgrund des langen Radstandes von 1990 mm ließen sich im Zwischenachsbereich als zusätzlichem Anbauraum Arbeitsgeräte anbringen. Dies trug zu einer rationelleren Mechanisierung kleinerer und mittlerer Bauernhöfe bei, da Arbeitsschritte sinnvoll miteinander kombiniert werden konnten. Gleichzeitig hatte man die Optik dieser Traktoren aktualisiert und die Motorhauben gefälliger gestaltet. 1958 verschwanden diese eher unscheinbaren Traktormodelle wieder von der Bildfläche, nachdem 1045 Fahrzeuge des 2 K 1 erstellt worden waren.

Normag Dieselschlepper NG 23 K

Aufgrund der seit 1945 veränderten politischen Verhältnisse mussten die Normag-Werke ihren Fabrikationsstandort von Nordhausen nach Hattingen/Ruhr verlagern. Nach Überwindung vieler Schwierigkeiten nahm man mit dem Bau des Dieselschleppers NG 23 K im Jahr 1948 die Produktion wieder auf. Er war ein mittelschweres Fahrzeug, dessen Fortbewegung durch einen wassergekühlten Zweizylinder-Vorkammer-Normag-Diesel mit 2.356 cm³ Hubraum und einer Leistung von 25 PS bei 1500 Touren erfolgte. Das viergängige Stirnrad-Schubgetriebe war als ein ebenfalls aus eigener Fabrikation stammendes Kurzgetriebe konstruiert – daher der Zusatzbuchstabe „K" in der Typenbezeichnung – das auf Wunsch mit einer Untersetzung für insgesamt acht Vorwärts- und zwei Rükkwärtsgeschwindigkeiten zur Verfügung gestellt werden konnte. Eine Besonderheit war die druckluftbetriebene Westinghouse-Kraftheberanlage, die den Schlepper aus der Masse seiner Konkurrenten heraushob. Die Verwendung von Druckluft gab dem Normag-Traktor eine Überlegenheit, konnte doch damit nicht allein der Kraftheber selbst, sondern auch andere Geräte betätigt werden. Ein interessantes und betriebsfähiges System, das sich auf Dauer leider nicht durchsetzte. Genauso vorteilhaft erschien das moderne äußere Bild des Schleppers, das nicht nur in völligem Gegensatz zu den kantigen Formen der eigenen Vorkriegsmodelle, sondern auch der meisten aktuellen Mitbewerber stand. Die schmale, schlanke und relativ hohe Bauweise ermöglichte ausgezeichnete Sichtverhältnisse für den Schlepperfahrer. An dem Motor und Getriebe verbindenden Stahlrohrzwischenstück ließen sich sogar Zwischenachsanbaugeräte befestigen, was den NG 23 K noch vielseitiger machte.

Das zu Beginn der 50er-Jahre mittlerweile aus fünf Typen im Leistungsbereich zwischen 10 und 35 PS bestehende Fahrzeugangebot der Normag-Werke sollte alsbald durch einen Großschlepper erweitert werden. Denn ein solches Renommierfahrzeug im Programm zu haben, bedeutete für jeden Hersteller ein Prestigeobjekt, auch wenn die Prognosen aufgrund des sehr eingeschränkten Marktvolumens fast immer nur geringe Stükzahlen erwarten ließen. Der im Mai 1952 erstmals vorgestellte Großtraktor NG 45 war ein typischer Konfektionsschlepper, da man in Ermangelung geeigneter eigener Bauteile weitgehend auf zugekaufte Teile zurükgreifen musste. Den nach dem Lanova-Verbrennungsverfahren arbeitenden wassergekühlten vierzylindrigen Luftspeicher-Dieselmotor mit 3.180 Kubikzentimetern Rauminhalt, der 45 PS bei 2.000 Umdrehungen leistete, bezog man von den Kasseler Henschel-Werken, das Fünfganggetriebe A 15 (später A 17) von ZF in Friedrichshafen sowie die Einscheiben-Trockenkupplung und Lenkung von Fichtel & Sachs in Schweinfurt. Die stabil ausgeführte Pendelvorderachse besaß Doppelquerblattfedern. Ab 1953 erfolgte die Auslieferung der Variante NG 45 L mit dem auf 2.059 Millimeter verlängerten Radstand. Der NG 45 – ein beeindruckender Koloss – war der stärkste Normag-Schlepper, der mit 475 Millimetern zudem eine ungewöhnlich große Bodenfreiheit besaß. Auch im Straßenverkehr war er mit fast 27 km/h Höchstgeschwindigkeit kein ausgesprochenes Verkehrshindernis. Das erhältliche Zubehör entsprach dieser Gewichtsklasse. Die bis 1958 aufrechterhaltene Fertigung erfolgte nur in kleinen Stückzahlen, von denen die meisten Fahrzeuge in den Export gingen.

Orenstein & Koppel Dieselschlepper T 18 A

Das 1939 von den Nationalsozialisten aus politischen Gründen – die beiden Firmengründer waren jüdischer Abstammung – enteignete und in Maschinenbau und Bahnbedarf AG – MBA – umbenannte Unternehmen hatte durch den Krieg rund 80 Prozent der Fertigungsanlagen in der damaligen Sowjetischen Besatzungszone eingebüßt. Seit 1949 trieb man im Dortmund-Dorstfelder Zweigwerk die erneute Produktion von Ackerschleppern voran. Neben einigen anderen Modellen erschien 1950 das Modell T 18 A als das kleinste Fahrzeug einer alle Klassen umfassenden Typenreihe. Es entstand aus dem 1939 entwickelten 15-PS-Bauernschlepper SB 751 und war wie dieser in rahmenloser Blockbauweise ausgelegt. Der aus eigener Herstellung stammende wassergekühlte Einzylinder-Wirbelkammer-Diesel hatte 1662 Kubik, leistete 18 PS bei 1500 Touren und besaß besonders gute Kaltstarteigenschaften. Das fünfgängige Getriebe des Baumusters A 9 musste hingegen von ZF bezogen werden. Die Hinterradbereifung des 1500 kg schweren Traktors konnte wahlweise in der Standardgröße 8-20 (hier abgebildet) oder auch in der schmalen Allzweckreifengröße 8-32 bezogen werden. Der kleine Schlepper war infolge seiner sehr kurzen Bauweise recht wendig und hatte eine Bodenfreiheit von mindestens 300 mm. Beim T 18 A handelte es sich um einen qualitativ hochwertigen Traktor mit einer modern und ansprechend gestalteten Motor- und Kühlerverkleidung, der hinsichtlich Zuverlässigkeit und Robustheit nichts zu wünschen übrig ließ. Er war mit Abstand das meistverkaufte Fahrzeug des gesamten, nur in kleinen Stückzahlen abgesetzten Verkaufsprogramms und fiel – wie auch die übrigen Typen – der bereits 1954 erfolgten Einstellung dieses Fertigungszweiges zum Opfer.

Porsche Dieselschlepper Junior

Mit Wirkung zum 1. Januar 1956 hatte die vom Mannesmann-Konzern ins Leben gerufene Porsche-Diesel Motorenbau GmbH in Friedrichshafen-Manzell den gesamten Schlepperbau der Allgaier-Werke übernommen. Das bisherige, hauptsächlich aus vier Typen bestehende Allqaier-Fertigungsprogramm wurde zunächst fast unverändert weitergeführt. Als äußerlich sichtbares Zeichen war nun anstelle des „A" für Allgaier ein „P" für Porsche auf den Schleppern zu lesen. 1957 modifizierte Porsche das Typenangebot, das nun zunächst aus den drei Modellen Junior, Standard und Super bestand. Das kleinste dieser mit bewährten radialluftgekühlten Motoraggregaten ausgerüsteten Reihe war der aus dem vorherigen Kleinschlepper P 111 entstandene, nur 875 kg wiegende 14-PS-Kleinschlepper Junior. In diesem blockkonstruierten Fahrzeug wirkten eine Einscheiben-Trockenkupplung von Fichtel & Sachs sowie das A 4-Zahnradwechselgetriebe von ZF mit sechs Vorwärts- und zwei Rückwärtsgängen. Der Einzylinder-Wirbelkammer-Diesel des Baumusters F 108 hatte einen Rauminhalt von 822 cm^3 und stellte seine Leistung bei 2.250 Touren zur Verfügung. Der Junior war ein sehr preisgünstiger und in seiner auffälligen, zugleich charakteristischen „knallroten" Lackierung noch dazu ein sehr formschöner Universalschlepper für kleine Höfe oder Nebenerwerbsbetriebe. Besonders in den stark parzellierten Regionen Süddeutschlands war er sehr verbreitet. Bei seiner verhältnismäßig großen Leistung und Zugkraft war er ziemlich kippsicher in Hanglagen und für alle Arbeiten, die dieser Klasse zugemutet werden konnten, zu gebrauchen. Mithilfe der auf Wunsch erhältlichen Wegzapfwelle war der Junior sogar mit einem Triebachsanhänger zu verwenden.

Porsche Dieseltragschlepper Junior L

Den Kleinschlepper Junior gab es in mehreren Bauvarianten. Mit Abstand am häufigsten gebaut wurde die als Junior K bezeichnete Kurz- oder Standardausführung. Wesentlich seltener verkauft wurde die Variante Junior S, ein Schmalspurtraktor für Sonderkulturen, sowie die hier abgebildete, ebenfalls nur in kleinen Stückzahlen gefertigte Langausführung Junior 108 L. Dieser war ein Tragschlepper, bei dem die Möglichkeit bestand, zusätzlich zum Heckanbauraum auch zwischen den Achsen Arbeitsgeräte anzubringen. Damit war in der bäuerlichen Arbeit ein Rationalisierungseffekt gegeben, da verschiedene Arbeiten miteinander verbunden werden konnten. Dieses Fahrzeug hatte im Vergleich zu 1557 mm beim Standardschlepper einen mit 1838 mm deutlich längeren Radstand sowie mit 910 kg wegen der vergrößerten Hinterachslast ein geringfügig höheres Eigengewicht. Darüber hinaus bestanden Spurverstellmöglichkeiten von 1260 bis 1560 mm. Die übrige technische Ausstattung, wie die einzelradgefederte Portal-Vorderachse, entsprach völlig dem Standardschlepper. Ab 1959 gab es den 108 L auf Wunsch gegen Aufpreis auch mit einer ölhydraulischen Kupplung, die den Vorteil hatte, den Schlepper unter Last in jedem Gang ruckfrei anfahren zu können. Die so bestückte Variante wurde als Junior 108 LH angeboten. Alle Junior-Traktoren besaßen serienmäßig eine Getriebezapfwelle, während es als Sonderzubehör entweder einen hydraulischen Dreipunkt-Kraftheber oder den Normschwingrahmen mit 250 bis 500 kg Hubkraft, Mähwerk, Riemenscheibe, Allwetterverdeck und Zusatzgewichte gab. Der Junior, dessen Motorleistung ab 1960 auf 15 PS angehoben wurde, verkaufte sich bis zu diesem Zeitpunkt rund 23.000 Mal.

Porsche Dieselschlepper Standard 218

Zu der 1957 vorgestellten neuen Porsche-Typenreihe, die zum Zwecke des Großserienbaus und der Absatzbündelung gestrafft worden war, zählte auch das Modell Standard 218. Dieser Schlepper war aus dem früheren, 22 PS starken Allgaier-Porsche-Traktor A 122, der unter Porsche-Regie als P 122 fortgeführt wurde, entstanden. Durch eine Optimierung des Verbrennungsverfahrens leistete der radialluftgekühlte Zweizylinder-Wirbelkammer-Diesel mit 1644 cm^3 Hubvolumen in der Motorausführung A 208 jetzt 25 PS bei 2.000 Umdrehungen. Die im Gegensatz zu seinem Vorgänger in das neue Standard-Modell eingebaute ölhydraulische Voith-Strömungskupplung stellte eine wesentliche Verbesserung dar. Der Motor, der bei Überhitzung mit einem akustischen Warnsignal reagierte, war mit einem Fünfganggetriebe verblockt, das auf Wunsch mit einem zusätzlichen Kriechgang ausgerüstet werden konnte. Wie alle Modelle dieses Herstellers verfügte auch der Standard serienmäßig über eine Differenzialsperre, einzelradgefederte Pendelvorderachse, Anlass- und Beleuchtungsanlage mit Vorglüheinrichtung und Getriebezapfwelle. Gegen Aufpreis gab es Mähwerk, Riemenscheibe, hydraulischen Dreipunktkraftheber, Frontlader, Vorderradkotflügel, Zusatzgewichte und die Ausrüstung mit Hydrostop, mit der man den Schlepper ohne zu kuppeln, zu schalten und aufzusteigen, mittels eines kleinen Steuerrades beim Nebenhergehen bedienen konnte. Der Porsche Standard, den es ab 1958 auch in der mit 8.160 DM in der Grundausstattung besonders preisgünstigen Ausführung Standard V gab, gehörte zu den wichtigsten und erfolgreichsten mittelschweren Schleppern auf dem deutschen Markt. 1960 erfolgte der Austausch durch technisch verbesserte Modelle.

Porsche Dieselschlepper Super 308

Der ebenfalls 1957 vorgestellte Porsche-Schleppertyp Super 308 war seinerzeit das stärkste Modell der neuen Traktorreihe dieses Herstellers. Denn der noch stärkere Master kam erst im darauf folgenden Jahr hinzu. Der neue Porsche Super entstand durch Weiterentwicklung des ab Juli 1952 gebauten Allgaier-Porsche-Schleppers A 133. Auch in diesem Fall hatten die Konstrukteure das Verbrennungsverfahren verbessert, sodass der ehemals 33 PS starke Dreizylinder-Diesel des Vorgängers nun fünf zusätzliche Pferdestärken, also 38 PS, hergab, ohne dass dazu Drehzahl oder Hubraum erhöht werden mussten. Der Typ 308 besaß wie sein Vorgänger ein Fünfganggetriebe aus eigener Fertigung für 20 km/h, das mit einem zusätzlich angeflanschten Kriechgang aufgerüstet werden konnte. Das Fahrzeug war in Portalbauweise konstruiert und besaß drei, teilweise gegen Aufpreis erhältliche Zapfwellen; und zwar die serienmäßig vorhandene, hinten angeordnete Getriebezapfwelle mit Normdrehzahl, die auf Wunsch lieferbare kupplungsunabhängige Motorzapfwelle mit Doppelkupplung vor der Vorderachse und eine gangabhängige Wegzapfwelle hinten. Während der abschaltbare Mähantrieb über die vordere Zapfwelle betrieben wurde, war die Riemenscheibe auf die Getriebezapfwelle aufsteckbar, konnte aber auch vorne angebracht werden. Zur Sonderausstattung zählten nicht nur Frontlader, Seilwinde und Allwetterverdeck, sondern auch die Hydrostop-Einrichtung, die vor allem bei Beladearbeiten im Einmannbetrieb eine große Erleichterung darstellte. Der Porsche Super war eine bewährte Maschine, die in mittleren und größeren Betrieben auch gerne für schwereren Zapfwellenbetrieb eingesetzt wurde.

Porsche Dieselschlepper Master

Es dauerte bis zum Frühjahr 1958, bis Porsche-Diesel mit dem Modell Master N 408 ein leistungsgesteigertes, technisch verbessertes Nachfolgemodell des vorherigen A 144 bzw. P 144 vorstellen konnte. Konstruktive, am Motor vorgenommene Änderungen erwirkten eine Leistungssteigerung von sechs PS. Der neue, nun unter der Bezeichnung F 408 geführte luftgekühlte Vierzylinder-Wirbelkammermotor hatte 3.289 cm³ Hubraum und leistete nun 50 PS bei 2.000 Touren. Ferner wurde das bis dahin verwendete sechsgängige A 17-Triebwerk von ZF durch das siebengängige Zahnradwechselgetriebe A 20/18 II desselben Zulieferers ersetzt. Da zur Unterbringung der Doppelkupplung für die Motorzapfwelle zwischen Motor und Getriebe ein verlängertes Kupplungsgehäuse erforderlich war, erhöhte sich der Radstand auf den beträchtlichen Wert von 2.465 mm, was zu Lasten der Wendigkeit ging. Nachdem man diesen 1960 um 30 cm reduziert hatte, erhielt der nun als N 419 bezeichnete Master im darauf folgenden Jahr einen neuen Motor mit 3.500 cm³, ohne dass dies zu einer Leistungssteigerung führte. Außerdem gelangte ein neues, in Acker-, Transport- und Rückwärtsgänge gegliedertes Gruppenschaltgetriebe mit acht Vorwärts- und vier Rückwärtsgängen zum Einbau. Dieses gab es sowohl in einer Standardvariante mit 19,4 km/h als auch in einer schnellen Übersetzung, die bis 27,4 km/h reichte. Ebenso wurde das Fassungsvermögen des Kraftstofftanks auf 60 l vergrößert. Der hier gezeigte, vorbildlich restaurierte Traktor gehört zu dieser späteren, bis 1963 gebauten Serie. Der Master war ein starker Schlepper, der mit seiner Leistung allerdings schon in den frühen 60er-Jahren seiner Rolle als Großschlepper immer weniger gerecht werden konnte.

Ritscher Dieselschlepper, Typ 420

In den 30er-Jahren nahmen die dreirädrigen Traktoren der Karl Ritscher GmbH in Hamburg-Moorburg eine gewisse Sonderstellung auf dem Schleppermarkt ein. Obwohl diese Bauweise in mancher Hinsicht, vor allem was die Wendigkeit anbelangte, gewisse Vorteile hatte, hielt man es bei zukünftigen Modellen, vor allem wegen der bewiesenen Nachteile beim Pflügen, doch für geboten, einen Vierradtraktor anzubieten. Dies geschah auch im Hinblick auf Mitbewerber und Kunden, denn bei den gewachsenen Ansprüchen musste ein richtiger Schlepper eben vier Räder besitzen. Die bereits während des Kriegs aufgenommenen Konstruktionsarbeiten führten zunächst nur zu wenigen Versuchsexemplaren. Durch die Ereignisse des Zusammenbruchs beträchtlich verzögert, konnte der Serienbau des unter der Modellbezeichnung 420 geführten Traktors erst ab Mai 1949 aufgenommen werden. Bis auf die neue, pendelnd gelagerte, hochgekröpfte Vorderachse entsprach dieser Schlepper seinem dreirädrigen Pendant nahezu völlig. Um den Wendekreis möglichst klein zu halten, war die Vorderachse so weit wie möglich, zurückversetzt. Sogar die auffällige horizontale Steuersäule mit dem vorn befindlichen Lenkgehäusesegment hatte man beibehalten. Der Antrieb erfolgte im Gegensatz zu den wenigen während des Kriegs mit Deutz-Motoren ausgerüsteten Schleppern jetzt durch den wassergekühlten Zweizylinder-Vorkammer-Diesel KD 215 Z von MWM, der 2.356 cm³ Hubraum hatte und bei 1500 Touren 22 bis 24 PS Motorleistung erzeugte. Der Blockbauschlepper besaß ein hauseigenes Vierganggetriebe, das bis 18,5 km/h gut war. Eine ausgesprochene Schönheit war der nur kurze Zeit gebaute Typ 420 sicherlich nicht, dafür aber konstruktiv in jedem Fall ein Unikat.

Ritscher Dieselschlepper, Typ 528

Die Jahre 1950/51 standen bei Ritscher im Zeichen verschiedener Modellwechsel. Damals entstand auch der Typ 528, das mit rund 2.000 bis zum Jahr 1959 gefertigten Traktoren mit Abstand erfolgreichste Fahrzeug dieses Herstellers. Der zum Ende des Jahres 1951 ausgelieferte 528 profitierte von dem neuen, auf das Wirbelkammer-Verbrennungsverfahren umgestellten wassergekühlten MWM-Zweizylinder-Diesel KDW 415 Z mit 2.356 cm³ Hubraum. Der Motor leistete 28 PS bei 1500 Touren und war mit einem eigengefertigten, bis 19,1 km/h Höchstgeschwindigkeit reichenden Fünfganggetriebe – ab 1953 mit sechs Vorwärtsgängen ausgeführt – zu einer tragenden Einheit verblockt. Grundsätzlich setzte Ritscher auch bei allen zukünftigen Modellen aus MWM-Motoren in Verbindung mit eigenen Triebwerken. Da auch nahezu alle übrigen wichtigen Schlepperbauteile im eigenen Haus hergestellt wurden, konnte man sich von den zahlreichen Konfektionären der Branche positiv abheben. Serienmäßig war dieser zur oberen Mittelklasse zählende Traktor mit Differenzialsperre, Anlass-, Beleuchtungs- und Signalanlage, Ackerschiene und Getriebezapfwelle bestückt. Gegen Aufpreis konnten zusätzlich Riemenscheibe, Mähwerk, mechanischer oder hydraulischer Kraftheber, Seilwinde und ein festes Verdeck mit Windschutzscheibe und verglasten Seitenteilen bezogen werden. Letzteres wurde von der in Hamburg-Harburg ansässigen Firma Piotrowski bezogen, war markant und doch gefällig ausgeführt und bot einen guten Wetterschutz bei einer ausgezeichneten Rundumsicht. Mit dem Typ 528 konnte sich Ritscher, besonders im norddeutschen Regionalbereich, recht erfolgreich in dieser Leistungsklasse behaupten.

Röhr Dieselschlepper 17 R

Zu der Gruppe der zahlreichen, zu Beginn der 50er-Jahre neu hinzugetretenen Traktorhersteller gehörte auch die seit 1949 in Landshut ansässige Firma von Erich Röhr. Seine Firma zählte zu den typischen Schlepperkonfektionären, die nahezu alle wichtigen Bauteile von Fremdfirmen bezogen und mehr oder weniger nur den Zusammenbau in Eigenregie erledigten. Trotzdem – oder gerade deshalb – tat das der Qualität keinen Abbruch, denn auch bei Röhr entstanden solide und funktionstüchtige Traktoren, zumal man auf bewährte Baukomponenten des Marktes zurückgreifen konnte. Dazu zählten sowohl die ausgezeichneten MWM-Motoren als auch Kupplungen von F & S oder Getriebe von Hurth oder ZF – alles Hersteller, bei deren Produkten man nichts falsch machen konnte. Von den ersten Verkaufserfolgen inspiriert – immerhin wurden 1950 in der Bundesrepublik 479 Traktoren zugelassen, was einem Marktanteil von 1,2 Prozent entsprach – stellte Röhr ein im Verhältnis zur Größe seiner Firma recht ehrgeiziges Programm auf. Dieses sollte mehrere Schleppermodelle zwischen 12 und 60 PS Leistung umfassen. Hierzu zählte auch der Bauernschlepper 17 R, ein kräftiges, mit einem wassergekühlten Zweizylinder-MWM-Wirbelkammer-Diesel mit 1250 Kubik Hubraum und 17 PS bei 2.000 Touren ausgerüstetes Fahrzeug. Der Traktor besaß ein Fünfganggetriebe, das entweder von Hurth, wie hier abgebildet, oder als Baumuster A 5 von der Zahnradfabrik Friedrichshafen bezogen wurde. Es war zweifellos ein guter Universaltraktor, der – wie alle Röhr-Typen – in einer viel zu geringen Stückzahl gebaut wurde, um am Markt erfolgreich bestehen zu können. Der Betrieb ging in Konkurs, was den Rückzug aus dem Schleppergeschäft zur Folge hatte.

Auf der 1951 in Hamburg stattfindenden DLG-Messe erregten zwei ungewöhnlich anzuschauende Fahrzeuge die Gemüter. Zum einen der von dem Bulldog-Hersteller Heinrich Lanz präsentierte Geräteträger Alldog, zum anderen die von der Ruhrstahl AG, Witten-Annen, vorgestellte Ruhrstahl-Landbaumaschine. Wich das Erscheinungsbild des Alldogs bereits völlig von der gewohnten Form des Standardschleppers ab, so traf dies in einem noch viel stärkeren Maße auf den Ruhrstahl-Geräteträger zu. Denn die beiden nach oben aufschwingenden, hochgekröpften Holme, der im Rücken des Fahrers angeordnete Motor mit dem nach oben gerichteten Auspuffrohr, wirkten schon reichlich exotisch. Bei einem Schönheitswettbewerb für Traktoren wäre das Fahrzeug sicher das Schlusslicht geworden! Auf dem Vorführgelände stellte die Maschine allerdings ihre außergewöhnliche Leistungsfähigkeit und Vielseitigkeit unter Beweis und animierte allein 350 Messebesucher – trotz des sehr hohen Preises – zu einer Auftragsvergabe. So ungewöhnlich wie das Aussehen waren auch die Baukomponenten. Den Antrieb des in zweiholmiger Rahmenbauweise konstruierten Fahrzeugs besorgte ein wassergekühlter Zweizylinder-Luftspeicher-Diesel von Henschel mit 20 PS bei 1800 Touren in Verbindung mit einem aus jeweils vier Vorwärts- und Rückwärtsgängen bestehenden Wendegetriebe. Die auf Anhieb gelungene Maschine konnte im Einmannbetrieb bedient werden, hatte eine leistungsstarke Hydraulik und gestattete den Geräteanbau vorn, unten und hinten. Mit dem zwei Jahre später fertiggestellten, umfassenden Anbaugeräteprogramm war der Geräteträger arbeitsfähig. Alles zusammen für rund 19.000 DM – an diesem hohen Preis scheiterte das Allroundtalent letztendlich.

Schlüter Dieselschlepper DS 25

Anton Schlüter in Freising, zuvor ein bedeutender Motorenfabrikant, hatte mit dem Traktorenbau im Jahr 1937 begonnen. Das Erstlingswerk war ein 14-PS-Rahmenbauschlepper, den man logischerweise mit einem eigenen Dieselmotor ausrüstete. Bei den folgenden Modellen ging man zur selbsttragenden Blockbauweise über. Schon bald konzentrierte sich die Produktion auf den 25-PS-Typ DZM 25, der auch im Typenbegrenzungsplan des Oberst Schell Berücksichtigung fand. Die damaligen Schlüter-Motoren arbeiteten nach dem patentierten, sogenannten Schwenkkammerverfahren und waren somit Wirbelkammermotoren, deren positive Kaltstarteigenschaften ohne Zündhilfsmittel und sparsamer Kraftstoffverbrauch bei Verwendung auch minderer Qualitäten bei der Kundschaft entsprechenden Anklang fanden. Der Bau von Dieseltraktoren endete Mitte 1942. Von da an durften nur noch Generatorschlepper produziert werden. Nach dem Krieg hielt man sich zunächst mit deren Rückbauten auf Dieselbetrieb über Wasser, bevor mit dem Typ DS 25 ab Mai 1948 der erste, von vornherein als Dieselschlepper entworfene Traktor in Serie gehen konnte. Es war ein Fahrzeug von sehr kantiger, noch recht improvisiert wirkender Formgebung. Eine richtige Kühlerverkleidung gab es erst im folgenden Jahr. Der Traktor besaß einen wassergekühlten Zweizylinder-Schlüter-Diesel, der beachtliche 3.116 cm³ Hubraum hatte. Großvolumige, niedrig drehende Motoren gehörten zu den Hauptprodukten dieses Herstellers. Das 25 PS bei 1500 Touren leistende Aggregat bildete mit einem entweder von Renk in Augsburg oder ZF stammenden Vierganggetriebe eine bauliche Einheit. Nach genau einem Jahr wurde der Bau nach 430 Einheiten zugunsten eines neuen DS 25 beendet.

Schlüter Dieselschlepper AS 18

Die frühen 50er-Jahre standen bei Schlüter ganz im Zeichen der dringend notwendigen Verbreiterung des Typenprogramms. Denn dieses bestand bislang lediglich aus zwei Modellen mit 15 (später 17) und 25 PS Motorleistung. Vor allem im derzeit überaus stark nachgefragten unteren aber auch im mittleren Leistungsbereich war eine gut abgestufte Angebotspalette notwendig, wollte man den Anschluss an den sich stürmisch entwikkelnden Markt nicht verlieren. Ein weiteres Erfordernis war die Umstellung der Traktormodelle auf fünfgängige Schaltgetriebe. 1953 erschienen zunächst 15 und 22 PS starke Fahrzeuge, in welche ein derartiges, neu entwikkeltes Getriebe installiert war. Im Mai des darauf folgenden Jahres kam mit dem Modell AS 18 ein weiterer Schlepper hinzu. Dieser Traktor war aus dem mittlerweile 17 PS starken DS 15 unter Angleichung an das neugewählte Bezeichnungssystem „AS = Ackerschlepper" entstanden. In ihn gelangte neben dem Fünfganggetriebe ein wassergekühlter Einzylinder-Diesel mit Schwenkkammer, 1610 Kubik und 18 PS Leistung bei 1500 Touren zur Verwendung. Das Getriebe gab es sowohl in einer bis 18 km/h reichenden Standardausführung als auch mit einer schnelleren Abstufung bis 29,9 km/h, sowie als Kriechganggetriebe. Auch der AS 18 war bereits werkseitig mit einer Reihe von Zubehörteilen ausgerüstet, die bei vielen Mitbewerbern nur gegen Aufpreis erworben werden konnten. Dazu zählten Getriebezapfwelle, Riemenscheibe, Lenkbremsen, Differenzialsperre, Anlass- und Beleuchtungsanlage, zwei Anhängevorrichtungen und eine breite Ackerschiene. Mähwerk, Verdeck, Druckluftbremsanlage, Kraftheber und Seilwinde hingegen waren aufpreispflichtig. Bis 1956 entstanden genau 1600 Einheiten.

Schlüter Dieselschlepper AS 45

Im Laufe des Jahres 1954 brachten die Schlüter-Traktorenwerke zwei weitere Modelle heraus. Hierbei handelte es sich um den 30-PS-Schlepper AS 30 sowie um den Großtraktor AS 45. Dieses leistungsstarke Schleppermodell zog seine Kraft aus dem wassergekühlten Dreizylinder-Schlüter-Schwenkkammer-Dieselmotor des Baumusters ASM 45 mit 4.830 cm^3 Hubraum. Dieses langhubige, volumenstarke Aggregat konnte bei 1500 Touren 45 PS zur Verfügung stellen. Zunächst wurde der AS 45 mit dem fünfgängigen – auf Wunsch mit zwei zusätzlichen Kriechgängen – für einen Schlepper dieser Baugröße recht üppig dimensionierten A 26-Getriebe von ZF angeboten. Ab 1955 konnte man zwischen diesem und dem preiswerteren, ähnlich abgestuften A 23-Triebwerk desselben Herstellers wählen. Auch hier hatte der Kunde die Wahl zwischen dem 19,8 km/h schnellen Standardgetriebe und einer Schnellgangausführung bis maximal 30 km/h. Getriebezapfwelle, Riemenscheibe, Differenzialsperre und Lenkbremsen hatte dieser – je nach Getriebe – zwischen 3.100 und 3.200 kg schwere Bolide bereits serienmäßig. Mähantrieb und Mähwerk, Seilwinde, Frontlader, Dreipunkthydraulik oder Vierpunkt-Geräteaufhängung, festes Verdeck (siehe Abbildung), Motorzapfwelle sowie eine Druckluftbremsanlage für Anhängerbetrieb gab es gegen Aufpreis. Dieser mit eher konservativen Konstruktionsmerkmalen ausgebildete Schlüter-Schlepper war, wie alle Produkte dieses Herstellers, von einer grundsoliden und nahezu unverwüstlichen Bauart, wozu auch die beachtlichen Blechstärken gehörten. Es waren Traktoren für landwirtschaftliche Großbetriebe aber auch Zugmaschinen für gewerbliche Bereiche. Bis zum Oktober 1958 entstanden ganze 109 Stück.

Steyr Dieselschlepper, Typ 280 a

Unmittelbar nach Kriegsende begannen bei den österreichischen Steyr-Werken die Konstruktionsarbeiten an einem robusten und einfach zu fertigenden wassergekühlten Vorkammer-Dieselmotor, der sowohl in der beabsichtigten Traktorenfertigung als auch im Lastwagenbau Verwendung finden sollte. Heraus kam die sehr brauchbare, unter der Baureihenbezeichnung 13 bekannt gewordene Motorfamilie. 1952 gelangte die Vierzylinderausführung dieses Aggregats in dem Dieselschlepper Typ 280 zum Einbau, der damals über die mehr als beachtliche Motorleistung von 60 PS verfügte. Es war nicht nur das unangefochtene Flaggschiff dieses Herstellers, auch europaweit zählte dieses Modell leistungsmäßig zur absoluten Spitze. Werkseitig sprach man vom „König der Traktoren" und dieser mehr als 3 Tonnen schwere Gigant hielt, was die Werbung versprach. Sein Nachfolger war der hier abgebildete, ab 1958 produzierte 280 a, der mithilfe einer geringen Drehzahlerhöhung sogar 68 PS leistete. Der Motor mit 5.322 cm³ war wahlweise mit einem Sieben- oder Zehnganggetriebe, das eine Höchstgeschwindigkeit von 27,4 km/h ermöglichte, tragend verbunden. Sein Einsatz war ausschließlich Großbetrieben zur Bearbeitung größerer zusammenhängender Flächen vorbehalten. Für den Typ 280 war – da als reiner Zugschlepper vorgesehen – keine Hydraulik lieferbar. Erst beim 280 a gab es eine Regelhydraulik mit Bosch-Steuergerät. Dafür waren aber beide Modelle fast immer mit Motorzapfwelle und Doppelkupplung bestückt. Bis 1972 konnte sich dieser Kraftprotz in den Verkaufslisten halten. Mit zusammen fast 3.000 produzierten Einheiten, die überwiegend exportiert wurden, war der Bau auch wirtschaftlich sehr erfolgreich.

Schlüter Dieselschlepper S 450 V

Mit dem Typ 450 erschien im August 1962 der erste Schlüter-Traktor einer völlig neuen, auf dem aktuellen technischen Stand befindlichen Fahrzeuggeneration. Gleichzeitig stellte dieser Traktor bei Schlüter den eigentlichen Beginn der „bärenstarken" Epoche dar, unter der die zukünftigen Erzeugnisse dieses Herstellers einen überdurchschnittlich hohen Bekanntheitsgrad erreichen sollten. Die mit diesem ersten Modell verwirklichten Verbesserungen waren schon lange überfällig gewesen, denn viele bauliche Bestandteile in den bisher angebotenen Schleppern basierten noch auf dem Stand der 50er-Jahre. So wurde der S 450 mit einem Dreizylinderaggregat aus einer neuen Motorbaureihe ausgestattet, welche die Voraussetzung für das neu zu gestaltende Schlepperprogramm bilden sollte. Insgesamt verfügten diese Motoren über kleinere Zylindereinheiten und waren damit laufruhiger. Beim Modell S 450, das den S 35 ersetzte, bedeutete dies, dass anstelle der früheren zwei Zylindereinheiten bei nahezu vergleichbarem Hubraum nun deren drei vorhanden waren. Während das Getriebe mit acht Vorwärts- und vier Rückwärtsgängen gleich blieb und erst später im Laufe der Bauzeit des Schleppers durch ein verbessertes Baumuster bei gleicher Gangzahl ersetzt wurde, leistete der mit 3.247 cm³ Hubraum ausgestattete Motor 42 PS bei 1800 Umdrehungen. Die lang gestreckte, tief liegende Bauweise der neuen Halbrahmenschlepper trat positiv hervor und vermittelte schon äußerlich Kraft und Stärke. Dies traf vor allem auf die mit einem zusätzlichen „V" kenntlich gemachten Allradschlepper zu. In technischer Hinsicht hatten diese qualitativ hochwertigen Traktoren damit den Leistungsstand der Mitbewerber erreicht, teilweise sogar übertroffen. Entsprechend gut war mit 2.503 bis Ende 1966 gefertigten Fahrzeugen das Verkaufsergebnisse.

Bautz Dieseltragschlepper 300 T

Nach einem für die Bautz-Werke wirtschaftlich recht positiven Verlauf sah sich das Familienunternehmen infolge des zunehmenden Konkurrenzdrucks genötigt, das Schlepperprogramm grundlegend zu überarbeiten. Heraus kamen zwei moderne Fahrzeuge mit 15 und 20 PS Motorleistung, bei denen nicht nur auf universelle Verwendbarkeit, sondern auch auf ein optisch vorteilhaftes Aussehen großen Wert gelegt wurde. Aus der Tatsache, dass sich der Markt für reine Zugschlepper rückläufig entwickelt hatte, dafür aber bei der zunehmenden Vollmechanisierung in einem immer größeren Umfang Vielzwekkschlepper verlangt wurden, ließen sich ganz zwangsläufig die konstruktiven Vorgaben ableiten. Aus diesem Grund entstanden für Einmannbedienung geeignete Tragschlepper mit langem Radstand, um die Vorteile des Standardtraktors mit denen des Geräteträgers zu vereinen. Diese schmale, sogenannte Wespentaillenbauweise bot gute Sichtverhältnisse für den Fahrer auf die zwischen den Achsen angeordneten Arbeitsgeräte. Den Typ 300 als das stärkere Fahrzeug von beiden gab es in den Ausführungen als Standard- oder Tragschlepper. Er zog seine Kraft aus dem bewährten axialluftgekühlten Zweizylinder-Direkteinspritz-Diesel des Baumusters AKD 311 Z von MWM, welcher 1400 cm^3 Hubraum besaß und 20 PS bei 2.100 Touren bereithielt. Dieses Modell war mit einem Siebenganggetriebe der Ludwigsburger Getriebe- und Zahnradfabrik Getrag ausgerüstet. Der 300 hatte eine recht komfortable, einzelradgefederte Vorderachse und in der Version als Tragschlepper eine hydraulische Zwischenachsaushebung. Neben dem handelsüblichen Zubehör gab es als Sonderausrüstung eine hydraulische Raddruckverstärkungsanlage und einen Frontlader. Trotz recht guter Verkaufszahlen musste sich Bautz zu Beginn des Jahres 1963 aus dem Schleppergeschäft zurückziehen.

Deutz Dieselschlepper D 40 L

Die erstmals seit 1958 im Deutz-Verkaufsprogramm enthaltenen mittelschweren Traktoren des Typs D 40 gab es seither in mehreren unterschiedlichen Varianten, Leistungen und Ausrüstungsmerkmalen. Diese zur 35-PS-Klasse zählenden Schlepper waren mittlerweile für alle Hersteller zu einem überaus wichtigen Standbein in der Modellpolitik geworden. Die Zahl von genau 33.535 verkauften Einheiten aller D 40-Varianten innerhalb von sieben Jahren, was einen Anteil von mehr als 30 % der Gesamtzulassungszahl dieses Herstellers ausmachte, spricht eine deutliche Sprache. Der Grund für den außergewöhnlichen Erfolg dieser Maschinen war in erster Linie in dem sehr ausgewogenen Preis-Leistungsverhältnis zu suchen. Die verschiedenen D 40-Ausführungen waren allerdings im Laufe der Zeit immer schwerer geworden und zuletzt bei etwa 1750 kg angelangt. Deshalb entschloss sich Deutz, eine abgespeckte Variante in dieser Größe herauszubringen. Das Ergebnis war das im Jahr 1962 vorgestellte, immerhin 300 Kilo leichtere Modell D 40 L. Verwendet wurde auch hier das bewährte dreizylindrige 35-PS-Aggregat aus der FL 712-Motorbaureihe, das seine Leistung bei 2.150 Touren hergab. Neu war das auf eine höhere motorische Belastung ausgelegte T 35-Gruppenschaltgetriebe mit acht Vorwärts- und zwei Rückwärtsgängen, das teilweise bereits in Bolzenschaltung funktionierte. Von diesem Getriebe gab es neben der 19,3 km/h schnellen Standardvariante auch eine schnellere Variante mit bis zu 29,3 km/h. Äußerlich bestach der D 40 L durch seine klare und ausgewogene Form, wobei die relativ lange Bauweise in Verbindung mit der Reitsitzposition vor der Hinterachse genügend Platz zum seitlichen Aufstieg des Fahrers ließ. 1965 wurde er durch den verbesserten D 4005 ersetzt.

Deutz Dieselschlepper D 8005

Die Deutz-Typenpalette wurde 1965 gründlich überarbeitet. Das Ergebnis war die D 05-Baureihe, die bei einer weitgehenden Teilevereinheitlichung aus der bisherigen D-Serie entstanden war. Die neue axiale Gebläseluftkühlung der FL 812-Motorreihe brachte einen hörbar niedrigeren Geräuschpegel. Ansonsten baute man weitgehend auf die Vorgängertypen auf, die sich als solide und robuste Maschinen erwiesen hatten. Die beiden Spitzenmodelle dieser Reihe waren die Typen D 8005 und D 9005. Mit dem Sechszylinder-Wirbelkammer-Diesel F 6 L 812 S mit 5.100 cm³ Rauminhalt und 80 PS Leistung bei 2.300 Touren und einer Bauvariante mit Massenausgleichsgetriebe, das für eine bessere Laufruhe sorgte, zählte schon der kleinere D 8005 zu den ausgesprochenen Großtraktoren. Deutz war der erste Großserienhersteller, der die zuvor von Schlüter vorgegebene Richtung aufgenommen hatte und in diesem Segment nachgezogen war. Weitere Anbieter wie z. B. Güldner, Hanomag, Fendt und Eicher sollten schon bald folgen. Als Triebwerk gelangte das klauengeschaltete ZF-Gruppengetriebe des Baumusters A 230 mit acht Vorwärts- und vier Rückwärtsgängen mit einer Maximalgeschwindigkeit von bis zu 26,5 km/h zur Verwendung. Serienmäßig verfügte der ab dem folgenden Jahr auch in einer Allradausführung lieferbare D 8005 über eine unabhängige Zapfwelle mit Doppelkupplung sowie dir Deutz-Transfermatic-Regelhydraulik mit bis zu 3.700 kg Hubkraft an der Schiene. Druckluftbremsanlage, 6-Tonnen-Seilwinde, Fritzmeier-Allwetterverdeck und Riemenscheibe waren aufpreispflichtig. Dies war zu seiner Zeit ein außerordentlich großer, zugleich auch formschöner Traktor, der nur auf entsprechenden Höfen wirtschaftlich sinnvoll eingesetzt werden konnte.

Deutz Dieselschlepper D 4006

Anfang Februar 1968 folgten die ersten Modelle der D 06-Serie, eines komplett neuen Traktorprogramms. Angesichts der damals in der Branche herrschenden Absatzflaute hielt es die Unternehmensleitung für angebracht, mit einem neuen Typenprogramm in die Offensive zu gehen. Rein äußerlich stachen die neuen Modelle durch ihre markante, eckige Form mit integrierten Scheinwerfern und der lang gestreckten Bauweise hervor. Diese funktional sachliche Linie vermittelte Kraft und lag gleichzeitig im aktuellen Trend. Mit der dunkelgrünen Lackierung, dem platingrauen Rahmen mit Motor, kombiniert mit den roten Felgen, unterschieden sie sich sehr vorteilhaft von den Vorgängern. Aber auch die „inneren Werte" wurden keineswegs vernachlässigt. Neben zahlreichen Detailverbesserungen wie größeren Kraftstofftanks hatte man für die Reihe D 06 die axialluftgekühlte Baureihe FL 912, eine modernisierte, nach dem Direkteinspritzverfahren arbeitende Motorengeneration entwickelt. Die Aggregate erhielten eine größere Bohrung und verbrauchten weniger Kraftstoff. Der hier gezeigte D 4006 war mit 35 PS der kleinste Dreizylinder aus dieser Reihe. Er hatte einen Hubraum von 2.826 cm³ und erreichte seine Höchstleistung bei gedrosselten 2.150 Touren. Der Traktor wog 1895 Kilo und verfügte über eine unabhängige Zapfwelle, die mittels Handhebel bedient wurde oder wahlweise über das Gruppenschaltgetriebe TW 35.1 – oder das synchronisierte Baumuster TW 35.4 mit acht Vorwärts- und vier Rückwärtsgängen mit einer Höchstgeschwindigkeit von 25 km/h. Gleichzeitig wurde dieses Modell auch als Allradschlepper angeboten. Der D 4006 bewährte sich ausgezeichnet und wurde in großen Stückzahlen bis 1981 angeboten und verkauft.

Mit dem Eicher-Modell EM 200 Tiger wurde nach dem Typ Panther im Jahr 1958 das zweite Raubtier dieses Herstellers auf die Kundschaft losgelassen. In der Tat hatte Eicher in diesem Jahr die berühmte Raubtierbaureihe aus der Taufe gehoben, die über zehn Jahre diesem Traktorbauer ausgezeichnete Umsätze bescheren sollte. Als die Reihe 1968 zugunsten der 3000er-Serie auslief, hatten mehr als 66.000 Raubtier-Schlepper die Fertigungsbänder verlassen. Der Tiger hatte mit 15.292 Einheiten einen erheblichen Anteil daran. Es war ein technisch gut gelungener, sehr moderner und wohlgeformter Schlepper, der wesentlich dazu beitrug, Eichers Marktposition weiter zu festigen. Er gehörte mit 25, ab 1962 28 PS zu der besonders stark nachgefragten mittleren Leistungsklasse. Ausgerüstet war er mit einem radialluftgekühlten Zweizylinder-Direkteinspritz-Diesel mit 1963 cm³ Hubraum und 2.000 Touren Drehzahl zur Erzielung der Maximalleistung. Das installierte Gruppenschaltgetriebe A 208 mit acht Vorwärts- und vier Rückwärtsgängen entstammte der brandneuen, stiftgeschalteten ZF-Getriebebaureihe A 200. Diese sogenannten Leichtschaltgetriebe waren eine notwendige Vorstufe zur Synchronisation. Die Höchstgeschwindigkeit dieses Traktors betrug 20 km/h. Ab 1962 gab es auch eine schnellere Getriebevariante mit bis zu 28,1 km/h. Serienmäßig war der Tiger bereits mit der unabhängigen Zapfwelle mit Doppelkupplung ausgerüstet. Im Zubehörprogramm waren der hydraulische Bosch-Dreipunktkraftheber mit 850 kg Hubkraft, Riemenscheibe, Mähwerk, Belastungsgewichte, Allwetterverdeck von Fritzmeier und der Baas-Frontlader enthalten. Der Tiger, über den man nur selten Klagen hörte, war der ideale Alleinschlepper für den mittelgroßen Betrieb.

Eicher Diesel-Allradschlepper Mammut 2

Anfang der 60er-Jahre gelangten weitere Raubtiere von Eicher auf den Markt. Darunter verirrte sich – für Eicher bewusst oder unbewusst – auch ein urweltliches Großtier, das zumindest nach Brehm keinesfalls zu den Raubtieren zählte – das Mammut. Sei es drum, der Name sollte die gewaltige Kraft des Schleppermodells – des zunächst hinterradgetriebenen Mammut 2 – unterstreichen. Die Motorleistung dieses starken Traktors stieg im Laufe seiner Bauzeit von 55 auf 60 und schließlich auf 62 PS, die der neue Vierzylinder-Reihen-Einspritz-Diesel EDK 4 mit 3.927 cm³ bei 2.000 Umdrehungen abgab. Entsprechend seiner Größe kam das ZF-Gruppentriebwerk A 216 mit acht Vorwärts- und vier Rückwärtsgängen zur Verwendung. 1963 wurde diesem Fahrzeug eine Allradversion mit 60 PS (ab 1967: 62 PS) zur Seite gestellt. In diesem 2.980 Kilo schweren Traktor war eine zu- und abschaltbare neu entwickelte ZF-Fronttriebachse des Baumusters GLA 2550 eingebaut. Um den Boliden besser, vor allem mit weniger Kraftanstrengung im Griff zu haben, konnte die schwere Maschine mit einer ZF-Hydroblocklenkung ausgerüstet werden. Damit konnte – nach Werkangaben – der Schlepper mit dem kleinen Finger gelenkt werden. Durch die besonders tiefe Schwerpunktlage in Verbindung mit der voluminösen Bereifung machte das kompakte Fahrzeug einen überaus bulligen, Kraft und Stärke vermittelnden Eindruck. Für den Forsteinsatz gab es Seilwinden mit 4 und 6 Tonnen Zugkraft sowie Doppeltrommelwinden. Das Fahrzeug blieb bis 1969 im Programm. 643 Stück wurden verkauft.

Eicher Diesel-Schmalspurschlepper Puma I

Im Jahr 1960 erweiterte die Firma Eicher das Traktorenprogramm in Richtung des bisher noch relativ gering belegten Marktsegments der Schmalspurtraktoren. Mit dieser Art von Spezialfahrzeugen befassten sich bislang nur einige wenige Kleinhersteller wie Agria, Bungartz, Holder und Hummel, sowie Großserienhersteller wie Deutz, Fahr und Heinrich Lanz, die ihre Produkte von Standardtraktoren abgeleitet hatten. Zunächst baute man das unter der technischen Bezeichnung ES 200 rangierende Modell Puma, aus dem 1962 der Typ Puma I, <Nessuno(a)>ES 201, entwickelt wurde. Der Antrieb dieses nur 1150 kg wiegenden Schmalspurtraktors erfolgte durch den Zweizylinder-Eicher-Diesel EDK 2-3 mit 1963 cm^3, Radialkühlluftgebläse und direkter Kraftstoffeinspritzung, der 28 PS bei 2.000 Touren erzeugen konnte. Das mit diesem Aggregat verblockte Sechsganggetriebe war das ZF-Baumuster A 6/6. Hier funktionierte die erste Gangstufe gleichzeitig als voll belastbarer Kriechgang. Im Gegensatz zum Vorgänger besaß der Puma I jetzt nach vorn gezogene Einzelscheinwerfer und eine Trapezlenkung mit Spurstange. Serienmäßig hatte dieser Traktor neben Anlass- und Beleuchtungsanlage, Lenkbremsen, Differenzialsperre und Anhängekupplungen eine Getriebezapfwelle sowie einen hydraulischen Dreipunkt-Kraftheber. Auf Wunsch erhältlich war auch eine Motorzapfwelle mit Doppelkupplung. Diese bis 1964 gebaute Ausführung wurde in knapp drei Jahren mit 3.131 Fahrzeugen sehr erfolgreich verkauft, was einerseits auf Nachholbedarf in diesem Spezialschleppersegment hinweist, aber auch für die gute Qualität des Eicher Puma I spricht.

Eicher Diesel-Allradschlepper Wotan II

Die seit 1958 zwar laufend aktualisierte, seit der zweiten Hälfte der 60er-Jahre aber zunehmend in die Jahre gekommene Raubtierreihe von Eicher brauchte eine Erneuerung. Im Frühjahr 1968 lief daher die Vorstellung der ersten vier Mitglieder einer neuen, zwischen 28 und 52 PS liegenden Schleppergeneration an. Die unteren Modelle mit 15 und 19 PS waren dabei nicht mehr vertreten, denn auch bei Eicher hatte sich die Nachfrage nach stärkeren Traktoren beständig nach oben verschoben. Bei der äußeren Gestaltung der Traktormodelle hatte Eicher ganz bewusst einen externen Designer hinzugezogen. Diese Aufgabe übernahm der Rosenheimer Industriedesigner Hofmann-Igl, was den unter der technischen Bezeichnung „3000er-Serie" laufenden Traktoren den zusätzlichen Beinamen „Igl-Traktoren" einbrachte. Im Vergleich zu früher glänzten die Fahrzeuge durch ihr glattes, übersichtliches und breiteres Erscheinungsbild. Einen besonders starken Auftritt hatten die beiden großen Wotan-Modelle. Mit ihrer Motorleistung von 80 bzw. 95 PS zählten sie zum Stärksten, was auf dem damaligen Traktormarkt angeboten wurde. Der Wotan II als der größere Schlepper wurde fast ausschließlich mit Allradantrieb geordert. Das Fahrzeug war mit dem Sechszylinder-Direkteinspritz-Diesel EDK 6 mit Radialkühlluftgebläse und 5.890 cm^3 ausgerüstet. Das ZF-Triebwerk T 335 II mit 16 Vorwärts- und sieben Rückwärtsgängen und einer maximal erreichbaren Geschwindigkeit von 28,5 km/h war von der Belastung her der hohen Motorleistung von 95 PS angepasst. Motorzapfwelle, Dreipunkt-Regelhydraulik bis maximal 3.550 kg Hubkraft, Druckluftbremsanlage und die hydrostatische Lenkung waren für diesen starken Großschlepper fast Selbstverständlichkeiten.

Fendt Dieselschlepper Favorit 3

Für die Firma Fendt war 1958 die Zeit gekommen, Abschied von der zwar bewährten, aber an der Schwelle der Überalterung stehenden Dieselross-Traktorenfamilie zu nehmen. Ähnlich sah es auch mit dem Namen selbst aus, der nicht mehr ganz in die Zeit passte. Deshalb musste eine neue Schlepperreihe her. Noch im selben Jahr trat Fendt mit der sogenannten „ff"-Schlepperreihe an. Rein äußerlich waren die neuen Traktoren, die für die folgenden Jahre das Fendt-Bauprogramm repräsentieren sollten, leicht an ihren schnittigen Motorhauben mit den in der Front integrierten Scheinwerfern zu erkennen. Die recht eigentümliche Baureihenbezeichnung wurde offenbar deshalb gewählt, weil sämtliche Mitglieder dieser Reihe mit dem Buchstaben „F", also Fix, Farmer und Favorit, begannen. Die unter der Bezeichnung Favorit geführten Traktoren gehörten zur gehobenen Leistungsklasse, wobei das seit 1964 angebotene Modell Favorit 3 ein Fahrzeug mit zunächst 52, ab 1966 55 PS Motorleistung war. Der wassergekühlte, nach dem neuartigen Gleichdruck-Vorkammerverfahren arbeitende Vierzylinder-MWM-Diesel hatte 2.976 Kubikzentimeter Hubvolumen und erzeugte seine Leistung bei 2.300 Umdrehungen. Das von Fendt und ZF gemeinsam entwickelte Getriebe war halbsynchronisiert und verfügte über 16 Vorwärts- und vier Rückwärtsgänge. Davon waren vier Geschwindigkeiten als Superkriechgänge ausgebildet. Alternativ war es als Standardgetriebe bis 20 km/h oder mit schnellerer Übersetzung bis maximal Tempo 30 lieferbar. Über einen Vorschalthebel ließ sich jeder Gang um etwa ein Viertel verringern. Die Favorit-Schlepper waren gut gelungene, sehr beliebte Traktoren, die sich bewährt haben.

Fendt Dieselschlepper Farmer 3 S

Der erstmals auf der DLG-Ausstellung des Jahres 1966 in Frankfurt gezeigte neue Fendt-Schlepper Farmer 3 S war mit 45 PS ein mittelschweres Fahrzeug. Dieses Modell sollte die zwischen dem 34 PS starken Farmer 2 und dem Favorit 3 mit 55 PS bestehende Leistungslücke schließen. Dieser sehr modern konzipierte Schlepper vertrat damit eine seinerzeit stark nachgefragte Klasse, welche sich hauptsächlich an die Zielgruppe der mittleren bis größeren Bauernhöfe richtete. Für den Antrieb sorgte ein auf 2.000 Umdrehungen gedrosselter Vierzylinder-Direkteinspritz-Diesel von MWM mit 2.976 cm^3 Hubraum, der sich bereits im Favorit 3 bewährt hatte. Bei diesem Verbrennungsverfahren wurde der Kraftstoff direkt in den Kompressionsraum gespritzt. Die derart eintretende Verbrennung hatte einen positiven Einfluss auf Laufruhe und Verbrauchswerte. Da das Verfahren außerdem ein gleichmäßige Wärmeverteilung gewährleistete, eigneten sich diese Motoren auch für den Tropeneinsatz. Das in den wichtigsten Geschwindigkeiten vollsynchronisierte Feinstufen-Gruppenschaltgetriebe war sehr günstig abgestuft und besaß einen Schnellgang bis 28,7 km/h. Serienmäßig bestand das Triebwerk aus 13 Vorwärts- und 4 Rückwärtsgängen. Auf Wunsch konnte es durch weitere vier Superkriechgänge zwischen 0,33 und 0,96 km/h erweitert werden. Ein Drehmomentwandler veränderte durch Hebeldruck alle Gänge (mit Ausnahme des Schnellgangs) um etwa 30 % wahlweise in Zugkraft oder Geschwindigkeit. An Steigungen diente dieser zur Zugkrafterhöhung; bergab wurde er als zusätzliche Motor- bzw. Getriebebremse eingesetzt. Obwohl nur zwei Jahre im Programm, konnte Fendt vom Modell 3 S beachtliche 4.812 Fahrzeuge verkaufen.

Mit dem Geräteträger F 231 GT erschien 1967 ein Fahrzeug, das der mit Abstand meistverkaufte Systemschlepper werden sollte. Bei ihm erfolgte motorisch die Abkehr vom Vorkammer-Gleichdruck- zum Direkteinspritzverfahren. Der Dreizylinder-MWM-Diesel hatte 2.230 cm³ Hubraum und leistete 32 PS bei 1950 Touren. Neben dem üblichen Fendt-Achtgang-Gruppengetriebe konnte der Kunde auch ein schnelles Feinstufengetriebe mit der jeweils doppelten Gangzahl – 16 Vorwärts- und 8 Rückwärtsgängen – erwerben. Auch hier stand ein Drehmomentswandler zur Umwandlung der Gänge in eine 30 % höhere Geschwindigkeit oder Zugkraft zur Verfügung. Bei Hebelbetätigung der Vorschaltgruppe auf „langsam" stieg die Zugkraft; beim Wandeln auf „schnell" erhöhte sich die Geschwindigkeit. Neben den jetzt zur werkseitigen Ausstattung zählenden, gegenüber dem Vorgänger F 230 GT verbesserten Servobremsen hatte man auch die Leistung der Dreipunkthydraulik auf jeweils 1880 kg Hubkraft vorn und im Zwischenachsbereich, sowie 1600 kg hinten an der Ackerschiene gesteigert. Die hydraulisch kippbare Ladepritsche besaß eine Tragfähigkeit von 750 kg. Ein kleiner Auszug der wichtigsten Arbeitsgeräte sei hier aufgeführt: Mähwerk, Frontdüngerstreuer, Einzelkornsägerät, Frontpacker fünf- bis sechsreihig, Bandspritzeinrichtung, Drillmaschine für den Zwischenachsanbau, verschiedene Hackgeräte, vollautomatische Kartoffellegemaschine, verschiedene Spritzanlagen, Frontlader mit 900 kg Hubkraft und den dazugehörenden Arbeitsgeräten. Der F 231 GT, mit dem Fendt seinen großen Vorsprung in der Marktführerschaft bei den Systemschleppern weiter ausbauen konnte, wurde bis 1978 in 14.191 Exemplaren verkauft. Obwohl ein Geräteträger – im Grunde eine Arbeitsmaschine – nicht unbedingt zu den schönsten Fahrzeugen gezählt werden kann, sollte wegen seiner großen Bedeutung auf die Vorstellung nicht verzichtet werden.

Güldner Dieselschlepper G 15

Noch während der Kooperation mit den Fahr-Werken hatte Güldner eine neue, unter der Bezeichnung L 79 laufende, nach dem Baukastensystem konstruierte Dieselmotorreihe zur Serienreife gebracht. 1962 ging sie in die Produktion. Diese Motoren sollten zur motorischen Grundlage der sehr erfolgreichen roten G-Reihe dieses Herstellers werden. Die Traktorreihe wurde beständig erweitert. 1965 kam z. B. der Kleinschlepper G 15 hinzu, der damit den untersten Leistungsbereich darstellte. Es war praktisch das frühere Europa-Modell A 2 KS Spessart, das eine verbesserte Lenkung und veränderte seitliche Lüftungsschlitze erhalten hatte, ansonsten aber weitgehend unverändert blieb. Der G 15 war ein blockkonstruierter Tragschlepper, angetrieben von einem axialluftgekühlten 15 PS starken Zweizylinder-Wälz(Wirbel)kammer-Diesel des Modells 2 LKN mit 885 cm^3 und einer maximalen Drehzahl von 2.590 cm^3. Dieses Aggregat hatte sich bereits seit 1956 in verschiedenen Güldner-Traktoren bewährt und war kein Motor aus der neuen Reihe L 79. Die Pendelvorderachse war serienmäßig ohne Federung. Eine solche gab es gegen Aufpreis. Im Gegensatz zu den übrigen lenkradgeschalteten G-Modellen funktionierte diese beim G 15 durch einen Mittelschalthebel. Auch das Getriebe – es war das schubradgeschaltete sechsgängige Baumuster A 4 G von ZF – stammte vom Vormodell Spessart. Getriebe- und Wegzapfwelle waren serienmäßig vorhanden. Zur Sonderausrüstung zählten ein hydraulischer Dreipunktkraftheber mit Raddruckverstärkungsanlage und 420 kg Hubkraft, ein wahlweise mechanisches oder hydraulisches Zwischenachshubgestänge, ein Frontlader mit 200 kg Hubkraft, Mähwerk und Riemenscheibe. Der G 15 war formschön, handlich, zuverlässig und wurde in 3.810 Einheiten gebaut.

Güldner Dieselschlepper G 30

Das mittelschwere Güldner-Modell G 30 gehörte zu jenen vier roten Traktormodellen, die 1963 auf den Markt kamen. Dies waren die Typen G 25, G 30, G 40 und G 50, wodurch die nach dem Baukastensystem konstruierte Schlepperreihe immer vollständiger wurde. Das Herz aller dieser Modelle war die mit einem üppig dimensionierten Axialkühlluftgebläse ausgestattete Motorreihe L 79, deren Typenpalette vom Ein- bis zum Sechszylindermotor reichte, mit Leistungen zwischen 12 und 78 PS. Die etwas ungewöhnliche Benennung dieser nach dem Wirbelkammerprinzip arbeitenden Motoren in L 79 bezog sich auf den Hubraum je eines Zylinders, der bei 100 mm Bohrung und Hub ungefähr 790 cm^3 betrug. Der G 30 war ein hinterradgetriebener Blockbauschlepper, in dem die Dreizylindervariante 3 L 79 mit 2.356 cm^3 ihren Dienst verrichtete. Der Motor leistete anfangs 30 PS bei 1800 Touren. Ab 1965 kamen zwei zusätzliche Pferdestärken hinzu, während die Drehzahl beibehalten wurde. Das ZF-Stiftschalt-Gruppengetriebe A 208 mit acht Vorwärts- und vier Rückwärtsgängen gab es sowohl in einer Standardausführung bis maximal 19,8 km/h als auch in einer Schnellgangausführung, die bis 26,8 km/h reichte. Mit diesem Getriebe bestückte Fahrzeuge wurden als G 30 S bezeichnet. Dieser Schlepper war serienmäßig mit Differenzialsperre, Motorzapfwelle mit Doppelkupplung und einem Regelhydraulik-Dreipunktkraftheber mit 1640 kg Hubkraft an der Ackerschiene ausgerüstet. Im Rahmen des Zubehörprogramms erhältlich waren Baas-Frontlader der Größe 2, Fritzmeier-Wetterschutzverdeck, Heizung, Zwillingssteuergerät mit Raddruckverstärker, Seilwinde, Lenkradfeststellung, Riemenscheibe, Druckluftbremsanlage und vieles mehr. Bis 1969 verließen 8.810 Fahrzeuge die Werktore.

Güldner Diesel-Allradschlepper G 40 A

Auch im Jahr 1963 wurde die rote G-Reihe von Güldner weiter ausgebaut. In diesem Jahr waren es vier Traktormodelle, die Premiere hatten: G 25, 30, 40 und 50. Von den beiden stärkeren Fahrzeugen G 40 und G 50 gab es Allradversionen. Die roten Traktoren waren technisch gut ausgereift und besaßen ein sehr ansprechendes, einheitliches Design. Mit ihrer modernen Konzeption, besonders auch den ausgezeichneten luftgekühlten Motoren, befanden sich die Fahrzeuge unbedingt auf dem damaligen entwicklungstechnischen Höchststand. Die Akzeptanz durch die Kunden war groß, ebenso die Verkaufserfolge. Eine technische Besonderheit bildete die Lenkradschaltung, deren Schalthebel in Schwing-Gummielementen gelagert waren. Diese Form der Schaltung ermöglichte den beidseitigen Aufstieg vor den Hinterrädern. Der kleinere G 40 wurde von dem Dreizylinder-Diesel 3 L 79 mit 38 PS bei 2.300 Umdrehungen angetrieben. Als Getriebe stand das moderne, stiftgeschaltete Gruppenschaltgetriebe A 210 mit normaler oder schneller Übersetzung bis 29,8 km/h aus der ZF-Serie A 200 zur Verfügung. Dieses hatte insgesamt zwölf Gänge und war gegliedert in Arbeits-, Straßen- und Rückwärtsgänge. Die hier abgebildete Allradvariante verfügte über eine von der Zahnradfabrik Friedrichshafen bezogene Lenk-Triebachse mit Differenzial des Typs GLA 2550. Diese wurde über eine Lamellenkupplung angetrieben und war während der Fahrt unter Last ein- und abschaltbar. Das Zubehör – ob zum Mindestlieferumfang gehörend oder aufpreispflichtig – war überaus reichhaltig und ließ keine Wünsche offen. Der G 40 A war ein sehr zugkräftiger Traktor für den größeren Bauernhof, der besonders bei ungünstiger Topografie gerne gewählt wurde. 1147 Stück fanden bis 1969 ihre Käufer.

Mit dem 1965 erstmals vorgestellten Güldner-Allradschlepper G 75 betrat dieser Hersteller ebenfalls die damals noch recht schmale Bühne als Anbieter von Großtraktoren mit Sechszylindermotoren. Dieses Modell gab es sowohl als Hinterradschlepper mit 65 PS als auch – wie hier abgebildet – als Allradtraktor G 75 A mit angetriebener Vorderachse. Als Antriebseinheit fungierte der luftgekühlte Wirbelkammer-Diesel 6 L 79 mit 4.712 cm^3 Hubraum, der 70 PS bei einer auf 2.000 Touren erhöhten Drehzahl erzeugte. Beide Varianten verfügten über ein in drei Schaltgruppen aufgeteiltes, stiftgeschaltetes Getriebe des ZF-Baumusters T 318 I mit insgesamt zwölf Gangstufen, wobei jeweils zwischen vier Acker-, Straßen- und Rückwärtsgängen unterschieden wurde. Die einzelnen Gänge waren mittels einer modernen Lenkradschaltung einzulegen. Zur Wahl stand entweder ein normales oder ein schnelles Getriebe, das bis 24,6 km/h reichte. Im Zuge der ab 1967 beim G 75 A wirksam werdenden Leistungssteigerung auf 75 PS, gelangte das ZF-Getriebe T 318 II mit auf Wunsch erhältlicher Kriechganggruppe zum Einbau, sodass damit 16 Vorwärtsgänge ab 0,86 km/h und sieben Rükkwärtsgeschwindigkeiten zur Verfügung standen. Bei diesem gewaltigen Schlepper vermisste der Kunde wohl kaum ein Ausrüstungsteil wie Motorzapfwelle vorn und hinten, Regelhydraulik, Raddruckverstärkungsanlage, Baas-Frontlader der Größe 3, Druckluftbremsanlage, Fußheizung, Fritzmeier-Allwetterverdeck, Zwillingssteuergerät und Belastungsgewichte, das man von dieser Leistungsklasse erwarten konnte. Mehr noch – unter der Bezeichnung G 75 AF gab es ab 1968 sogar eine speziell auf den Forsteinsatz abgestimmte Ausführung. Der Bau dieses bewährten Allradtraktors lief zeitgleich mit der Beendigung der Güldner-Schlepperfabrikation im Jahr 1969 aus. 201 Einheiten wurden von ihm gefertigt.

Hanomag Dieseltragschlepper Perfekt 400

In den frühen 60er-Jahren wurde das Hanomag-Schlepperprogramm erneut umgekrempelt. Auf das neue, auf weniger Typen konzentrierte Fabrikationsprogramm hatte die langfristige Zusammenarbeit mit der Rheinstahl AG sowie die nur kurzfristige mit der Firma Bautz ebenfalls gewisse Auswirkungen. So wurden beispielsweise alle Zweitaktmodelle gestrichen. Im mittleren Leistungsbereich kamen die beiden neuen, als Tragschlepper in der Wespentaillenbauweise ausgeführten Typen Perfekt 300 und 400 zum Tragen. Der 1963 vorgestellte Perfekt 400 war der Stärkere von beiden. Das Besondere an diesem konzeptionell dem Perfekt 300 sehr ähnlichen Schlepper war der wassergekühlte Vierzylinder-Wirbelkammer-Diesel D 301 R 1, ein ursprünglich für den Pkw-Bereich und für Kleintransporter entworfener Antrieb von Borgward, dessen Konstruktionsunterlagen die Hanomag nach dem Konkurs im Dezember 1961 übernommen hatte. Der fast fertige Motor wurde in Hannover zur Serienreife gebracht und erstmals im Perfekt 400 verwendet. Er besaß ein Hubvolumen von 1797 cm³ und erzeugte 32 PS bei 2.400 Umdrehungen. Die Antriebseinheit war mit einem Sechsgang-Gruppengetriebe verblockt, das in der Normalausführung 20 km/h, als schnelle Variante 26 km/h zuließ. Durch den langen Radstand von 2.035 mm war das Fahrzeug nicht nur mit Zwischenachsgeräten einsetzbar, denn als weiterer positiver Nebeneffekt konnte der Schlepperfahrer bequem und beidseitig vor den Hinterrädern aufsteigen. Für den mit der runden Motorhaube bis 1964 gebauten Perfekt 400 gab es eine Vielzahl von Ausrüstungsgegenständen wie Motorzapfwelle, Dreipunkt-Blockhydraulik mit 1250 Kilogramm Hubkraft und Frontlader.

Hanomag Dieselschlepper Brillant 600

Der in Halbrahmenbauweise konstruierte Hanomag-Traktor Brillant 600 wurde im Oktober 1962 vorgestellt. Mit ihm erschien ein zur oberen Leistungsklasse zählender, recht zugstarker Ackerschlepper, der mit Zusatzgewichten eine maximale Kraft von 3,3 Tonnen am Zughaken entwickeln konnte. Abgesehen vom um 50 % stärkeren Spitzenmodell der Hanomag-Werke, dem Robust 800, war er der größte Schlepper im Bauprogramm. Er trat die Nachfolge der R 442-Typen an und mit seinem Erscheinen entfiel auch die Aufladevariante R 442/50 Robust, weil der neue Vierzylinder nun die gleiche Leistung wie der alte Ladermotor erzeugen konnte. Äußerlich entsprach der Brillant 600 als der größte Halbrahmenschlepper der Hanomag der verrundeten Karosserielinie der Vorgänger. Unter der Haube wirkte jetzt der auf das sparsamere Verbrennungsverfahren mit Ricardo-Wirbelkammer umgestellter wasserumlaufgekühlter Vierzylinder-Diesel D 28 CR, der aus seinem Hubraum von 2.799 cm³ eine Maximalleistung von 50 PS bei 2.300 Touren erbrachte – im Gegensatz zu 42 PS bei 2.200 Umdrehungen beim Vorkammermotor. Das lenkradgeschaltete Gruppengetriebe, das es auch in einer schnellen Variante gab, stammte aus eigener Konstruktion und war als Untersetzungsgetriebe mit zehn Vorwärts- und zwei Rückwärtsgängen ausgebildet. Der serienmäßig mit Motorzapfwelle ausgerüstete Brillant 600 war bei der Bearbeitung großer Flächen und vor gezogenen Mähdreschern, Vollerntemaschinen und anderen schweren zapfwellengetriebenen Geräten in seinem Element. Nachteilig war, dass weder ein Leichtschaltgetriebe, noch eine Allradvariante zur Verfügung standen. Damit entsprach der bis 1967 gebaute Schlepper nicht mehr dem aktuellen technischen Stand.

Hanomag Dieseltragschlepper Granit 500 E

Im Oktober des Jahres 1964 ersetzte die Hanomag die erst Ende 1962 bzw. 1963 neu auf den Markt gebrachten Perfekt-Tragschleppermodelle durch zwei Fahrzeuge mit einer völlig neuen, kantig funktionellen Formgebung. Die Haube der gleichnamigen Schlepper war niedriger und insgesamt kompakter geworden. Ihre Funktionalität wurde noch unterstrichen durch die in die Fahrzeugfront integrierten eckigen Scheinwerfer. Darüber hinaus hatte man die Sitzposition des Schlepperfahrers neu gestaltet. Der individuell verstellbare, vor der Hinterachse angeordnete tief liegende Reitsitz war nach den neuesten arbeitsmedizinischen Erkenntnissen ausgebildet. Der 1966 vorgestellte Granit 500 entsprach sowohl optisch als auch technisch den Fahrzeugen der Perfekt-Baureihe. Von seinem Vorgänger, dem alten Granit 500, stammte der Dreizylinder-Wirbelkammermotor aus der D 21 CR-Reihe. Abgesehen davon war dieser Schlepper eine komplette Neukonstruktion und hatte mit seinem früheren Namensvetter kaum noch etwas gemeinsam. Um die Verwandtschaft zu den mittlerweile angebotenen größeren Hanomag-Modellen auch optisch zu unterstreichen, wurde ab 1968 bei allen Modellen das bisher feinmaschige Kühlerschutzgitter durch ein – wie hier abgebildet – grobes Gitter aus Blechstreifen ersetzt. Zeitgleich erschien mit dem neuen Dreizylinderschlepper Granit 500 E der mit 48 PS stärkste auf dem Markt befindliche Tragschlepper überhaupt. Von den übrigen Modellen unterschied er sich durch seine etwas wuchtigere Motorverkleidung, das neue Leichtschalt-Gruppengetriebe mit neun Vorwärts- und drei Rückwärtsgängen und eine der höheren Motorleistung angepasste stärkere Hydraulikanlage. Dieser bis 1970 hergestellte Traktor erhielt einen neuen Kompaktmotor aus der Reihe 100 mit quadratischem Bohrung-Hub-Verhältnis und 2.356 cm³ Hubraum.

Hanomag Diesel-Allradschlepper 900 A

Unter dem Slogan „Kraftvoller denn je" präsentierte die Rheinstahl-Hanomag im Herbst 1967 ihre neue schwere Schleppergeneration. Es waren die Modelle Brillant 600, Brillant 700 und Robust 900, die es sowohl mit Hinterrad- als auch mit Allradantrieb zu kaufen gab. Diese starken Traktoren bildeten die obere Klasse des nun aus elf Typen zwischen 25 und 85 PS bestehenden fortschrittlichen Hanomag-Schlepperprogramms. Damit war es endlich gelungen, ein auf wenigen Grundtypen basierendes, sehr übersichtliches und technisch ausgereiftes Fahrzeugangebot auf die Beine zu stellen, das den gestiegenen Forderungen des Marktes angepasst war. Die schweren Modelle ersetzten die mittlerweile veralteten Typen Brillant 600 und Robust 800. Der neue Robust 900 als das Flaggschiff im Verkaufsprogramm war ein starker Zugschlepper für landwirtschaftliche Großbetriebe. Der neue wassergekühlte Sechszylinder-Kompaktmotor arbeitete nach dem Wirbelkammerverfahren und verfügte über 4.712 cm³ Hubraum. Ab Frühjahr 1969 wurde seine Leistung von 85 PS auf 92 PS bei 2.600 Umdrehungen erhöht. Er besaß ein in drei Gruppen unterteiltes, ebenfalls neu entwickeltes klauengeschaltetes Hochleistungsgetriebe mit zwölf Vorwärts- und drei Rückwärtsgängen, das für eine Maximalgeschwindigkeit von 27,15 km/h ausgelegt war. Der Allradschlepper 900 A war mit der angetriebenen Außenplanetenachse APL 3050 von ZF ausgerüstet, die auch bei Volllast eine gleichmäßige Übertragung der Motorkräfte auf die Vorderachse sicherstellte. Die Fronttriebachse konnte während der Fahrt und unter Last zu- und abgeschaltet werden. Alle Modelle waren in einer sehr ansprechenden, trapezförmigen Bauweise gestaltet, wobei besonders der Allradschlepper einen überaus bulligen Eindruck vermittelte.

IFA Zugtraktor ZT 300

In der DDR herrschte bis weit in die 60er-Jahre ein großer Mangel an geeigneten schweren Ackerschleppern, die den Bedingungen der kollektiven Großflächenbewirtschaftung des Landes entsprochen hätten. Was fehlte, war ein Fahrzeug um die 100 PS, möglichst mit Vierradantrieb und ausgestattet mit einem leistungsfähigen Hydrauliksystem, das die viel zu schwachen und veralteten Modelle Famulus, Harz und Pionier ersetzen konnte. 1964 gab die SED endlich grünes Licht zur Entwicklung eines derartigen Großschleppers. Bevor der Serienbau im VEB-Traktorenwerk Schönebeck beginnen konnte, mussten umfangreiche bauliche, logistische und organisatorische Vorarbeiten durchgeführt und Facharbeiter angeworben werden. Im September 1967 konnte schließlich die Serienfabrikation anlaufen. Die zeitgerechte Erstellung des in Blockbauweise mit vorderem Hilfsrahmen ausgeführten ZT 300 konnte nur deshalb gelingen, weil ein großer Teil bereits bestehender Baugruppen aus anderen Maschinenbereichen für seine Entwicklung verwendet werden konnte und weil die Staatsführung selbst ein großes Interesse an einer schnellen Realisierung dieses Projekts hatte. So stammte der nach dem M-Verfahren arbeitende Vierzylinder-Diesel mit 6.560 cm^3 Hubraum vom Standard-Lkw W 50; Luftfilter und Lenkgetriebe vom Mähdrescher Fortschritt. Das Aggregat erzeugte 90 PS bei 1850 Touren. Mit dem in drei Gruppen unterteilten Dreigang-Schaltgetriebe für 29,9 km/h standen dem Schlepperfahrer, da die ersten beiden Gruppen reversierbar ausgeführt waren, neun Vorwärts- und sechs Rückwärtsgänge zur Verfügung. Mit dem ZT 300 erhielt die DDR endlich einen ausreichend motorisierten Traktor mit einer 70 % höheren Leistung gegenüber den vorherigen Schleppern.

International Harvester Dieselschlepper D 439

Auf der 1962 in München stattfindenden DLG-Ausstellung betraten insgesamt vier neue Modelle von International Harvester in Neuss mit Motorleistungen zwischen 22 und 36 PS erstmals das Licht der Öffentlichkeit. Es waren die letzten Fahrzeuge der langjährigen, überaus erfolgreichen D-Typenreihe dieses Herstellers. Der D 439 als das größte Fahrzeug war im Großen und Ganzen mit seinem Vorgänger D 436 baugleich. Da nun die Motorleistung nicht mehr in DIN-PS, sondern wie meist international üblich in SAE-PS (diese Leistungsangabe kommt aus den USA) ausgewiesen wurde, lag dieser somit beim Dreizylindermotor des D 439 um drei PS über dem früheren Wert. Um die formal kaum veränderten Modelle sofort identifizieren zu können, wurden verschiedene farbliche Veränderungen, wie die weiß lackierten Felgen, vorgenommen. Allerdings wurden mit diesen Modellen einige sehr sinnvolle Detailverbesserungen eingeführt, wie der neue parallelogrammgefederte Sitz und das in moderner Tulpenform ausgeführte Dreispeichenlenkrad. Die wesentlichste Verbesserung war allerdings die Regelhydraulik „exakt", die es im Rahmen des Sonderausrüstungsprogramms zu kaufen gab. Dieses Hydrauliksystem besaß eine maximale Hubkraft von 1500 kg und bot dem Landwirt durch die automatische Tiefenführung der Geräte viele Vorteile. Das Getriebe arbeitete mit acht Vorwärts- und zwei Rükkwärtsgängen; die Geschwindigkeit betrug 20 km/h. Auch der nur 36 PS starke D 439 als das stärkste IH-Modell im Programm war hinsichtlich seiner Leistung den immer stärker steigenden Anforderungen immer weniger gewachsen. International Harvester geriet unweigerlich ins Hintertreffen und konnte erst ab 1965 mit neuen Modellen Abhilfe schaffen.

International Harvester Dieselschlepper 624

Mitte der 60er-Jahre erforderte das IH-Schlepperprogramm eine dringende Aufstockung. Diese Maßnahme erfolgte ab Juni 1965 durch die Vorstellung neuer, sogenannter CM-Modelle (Common Market), so dass bis 1967 insgesamt fünf verschiedene Typen im Leistungsbereich von 26 bis 58 PS zur Verfügung standen. Neu war auch das Design dieser Modellreihe. Eine klare, kantig-moderne Optik zeichnete die Fahrzeuge dieser neuen Schleppergeneration aus. Ihr Erscheinungsbild mit den runden in das Kühlerschutzgitter integrierten Scheinwerfern war an die IH-Modelle aus den USA und Großbritannien angepasst, was einen wichtigen Schritt in Richtung Globalisierung der eigenen Modellpolitik bedeutete. Die Traktorreihe besaß – bis auf das kleinste Modell, das noch mit einem Wirbelkammermotor arbeitete – ausschließlich moderne Direkteinspritz-Dieselmotoren mit Wasserumlaufkühlung. Ebenso fortschrittlich war die Getriebetechnologie, die serienmäßig aus Leichtschalttriebwerken mit Zweifachkupplung bestand. Darüber hinaus gab es das Agriomatic S-Getriebe mit hydraulisch geschalteten Lamellenkupplungen, die – ohne dass man die Fußkupplung betätigen musste – nur durch einen kleinen Handhebel geschaltet wurden. Es war ein synchronisiertes 12-plus-4-Schnellschalt-Wendegetriebe, mit dem der Fahrer vier zusätzliche Vorwärtsgänge zur Verfügung hatte. Das stärkste Fahrzeug war der Typ 624 – ein Vierzylinder-Modell mit einem 3.375 cm^3 Antriebsaggregat, dessen Leistung 58 PS bei 2.100 Umdrehungen betrug. Mit diesem schon zur oberen Leistungsklasse zählenden Fahrzeug konnte man den Anschluss zur Konkurrenz wiederherstellen, zumal sich noch weitere, stärkere Modelle in der Vorbereitung befanden.

Kramer Dieselschlepper KL 300

Mit den im Dezember 1960 in Serie gehenden Modellen KL 300 und KL 400 hatten die Kramer-Werke die ersten beiden Typen einer neu konstruierten Schleppergeneration entwickelt. Beides waren kraftvolle und leistungsfähige, im äußeren Erscheinungsbild ziemlich identische Schlepper. Das kleinere, hier vorgestellte Modell verfügte über einen radialluftgekühlten Zweizylinder-Wirbelkammer-Diesel F 2 L 712 von Deutz aus der FL-712-Motorbaureihe. Dieses Antriebsaggregat konnte mit 1700 cm^3 Hubraum aufwarten und erzeugte 28 PS bei 2.400 Umdrehungen. Ab Mai 1965 wurde der technisch optimierte, wesentlich leisere L-812-Diesel gleicher Leistung verwendet. Das Besondere an diesen neuen, sehr formschönen Traktoren war die Motorhaube aus Durelastik-Kunststoff. Diese war nicht nur leiser als die übliche Blechhaube, sondern durch Glasfaserverstärkung derart elastisch, dass sie bei Schlägen oder Stößen keine Beulen bekam, sondern in die alte Form zurückfederte. Sie war völlig rostfrei, resistent gegen Wasser und chemische Stoffe und behielt ihren ursprünglichen Farbglanz. Eine weitere Neuerung war das neu entwickelte Kramer-Zehnganggetriebe der Baugruppe II, bei dem neben den von Hand zu schaltenden Gängen durch einen rechts, seitlich am Getriebetunnel angebrachten Fußhebel zusätzliche Zwischengänge eingelegt werden konnten. Dadurch standen dem Fahrer zehn Vorwärts- und zwei Rükkwärtsgänge zur Verfügung. Bedienungsfehler waren dabei ausgeschlossen. Überdies konnte der Kunde zwischen einem normalen und schnellen Getriebe bis 30 Stundenkilometer wählen. Vom KL 300, der bis zum Februar 1968 in der Produktion blieb, konnte Kramer genau 5.003 Einheiten verkaufen.

Hela (Hermann Lanz) Dieselschlepper D 420

Mitte der 60er-Jahre hatten sich die schon lange am Horizont erkennbaren dunklen Wolken über dem Schlepperhimmel der Aulendorfer Hermann-Lanz-Werke weiter verdichtet. Die Abverkäufe waren rückläufig, obwohl das mittelständische Unternehmen qualitativ hervorragende Schlepper baute, über die kaum negative Aspekte zu berichten sind. So brauchten die Hela-Schlepper dieser Epoche auch in technischer Hinsicht Vergleiche mit der Konkurrenz nicht zu scheuen. Durch eine Flucht nach vorn versuchte man, die Krise in den Griff zu bekommen. So hatte man gegen Ende des Jahres 1964 damit begonnen, die ersten Traktoren in einem neuen, gründlich überarbeiteten und recht eleganten Blechkleid mit zweigeteiltem Kühlerschutzgitter auszuliefern. Im Laufe des Jahres 1966 war die Umstellung des Programms vollzogen. Ab 1965 erschienen mehrere neue Modelle im Bereich von 20 bis 54 PS, die man überwiegend mit wasserumlaufgekühlten Direkteinspritz-Dieselmotoren von MWM ausgerüstet hatte. Einige wenige Traktoren wurden noch mit Hela-Motoren bestückt, denn die Hermann-Lanz-Werke hatten in den guten Jahren sogar eine eigene Motorenproduktion aufgezogen, die sich aber aufgrund zu geringer Stückzahlen keinesfalls rentierte. Das kleinste derzeitige Schleppermodell war der bereits seit 1963 produzierte Typ 420, der ab 1966 mit der neuen Haube erhältlich war. Er besaß den Zweizylinder-Diesel D 208-2 von MWM, der über einen Hubraum von 1488 cm^3 verfügte. Der Motor leistete 20 PS bei 2.200 Umdrehungen bei maximal 19,5 km/h. Das Getriebe bestand aus sechs Vorwärts- und zwei Rükkwärtsgängen, wobei der erste Gang als Kriechgang ausgebildet war. Erstaunlicherweise konnte sich dieser kleine, kompakte Hinterradschlepper bis zum Jahr 1972 in den Verkaufslisten halten.

MAN Diesel-Allradschlepper 4 R 3

Zu Beginn der 60er-Jahre hatten die MAN-Werke endlich damit begonnen, das viel zu umfangreiche Schlepperbauprogramm auf eine vertretbare Typenzahl zu reduzieren. Zu viele Typen hatten diesem auf leistungsstarke Allradtraktoren spezialisierten Hersteller keine großen Stückzahlen beschert. Durch zu kleine Serien blieben die Preise hoch, was wiederum auf den Abverkauf drückte. Nun hatte sich die MAN dazu entschlossen, eine kostengünstige nach dem Baukastensystem konzipierte, neue Schlepperreihe zu entwickeln. Das Herzstück dieser Reihe waren die üblicherweise nach dem M-Verbrennungsverfahren funktionierenden Motoren, die je nach Leistung mit zwei, drei oder vier Zylindern zur Auswahl standen. Die neuen Typen besaßen ein einheitliches Design, das durch seine ansprechend verrundete, fast schon als elegant zu bezeichnende, zeitlos schöne Motorhaubenform überall große Beachtung und Zustimmung fand. Spitzenmodelle waren die großen Vierzylinder, die mit 45 PS bei 2.200 Umdrehungen aus einem Hubraum von 2.560 Kubik aufwarten konnten. Insbesondere der Allradschlepper 4 R 3 war ein Kraftpaket, das praktisch allen ungünstigen Einsatzbedingungen, sei es auf dem Acker oder im Forst, gewachsen war. Das stiftgeschaltete Gruppenschaltgetriebe ZF A 216 mit acht Vorwärts- und vier Rückwärtsgängen gab es mit einer Maximalgeschwindigkeit von 19,1 oder 27 km/h. Das aus Motorzapfwelle, hydraulischem Kraftheber mit 2.000 Kilo Hubkraft, Frontlader für 600 Kilo, Forstseilwinden mit vier oder sechs Tonnen Zugkraft, Druckluftbremsanlage und dem als „Remote-Control-System" bezeichneten hydraulischen Fernsteuerungssystem und anderem bestehende Zubehör ließ keine Wünsche offen. Mit der völligen Aufgabe der Schlepperfertigung endete im Jahr 1973 auch der Bau dieses außergewöhnlichen Traktors.

Porsche Dieseltragschlepper Standard Star, Typ 238

Die vom Mannesmann-Konzern ins Leben gerufene Porsche-Diesel-Motorenbau GmbH war Anfang der 60er-Jahre in ernsthafte Turbulenzen geraten. Der Schlepperabsatz war stark rückläufig, vor allem deshalb, weil gerade der Kleinschleppermarkt, der den Hauptanteil des Umsatzes bei Porsche ausmachte, alarmierende Umsatzeinbrüche zu verzeichnen hatte. Aber auch das Angebot in der unteren Mittelklasse befand sich nicht auf der Höhe der Zeit. Der Standard 218 – im Grunde noch dasselbe Modell wie der bereits 1953 auf den Markt gebrachte A 122 von Allgaier – war in vieler Hinsicht veraltet. Ebenso wie bei den großen Schleppern geriet Porsche in Gefahr, den Anschluss zu verlieren. Mit Hochdruck wurde in der Konstruktionsabteilung vor allem an den für den Verkauf besonders wichtigen Mittelklassemodellen gearbeitet. Mit dem Modell Standard Star 238 kam 1961 ein gänzlich neuer Schlepper auf den Markt. Ähnlich wie der stärkere, kurz zuvor herausgekommene 30-PS-Schlepper 219 war auch der 238 ein Tragschlepper. Sein aufgebohrter radialluftgekühlter Zweizylinder-Wirbelkammer-Diesel mit 1629 cm^3 Hubraum war aus Leichtmetall und arbeitete früher im Allgaier-Modell AP 17. Nach Umbau und Drehzahlerhöhung stellte er jetzt 26 PS bei 2.300 Touren zur Verfügung. Als Getriebe fungierte das allerdings noch schubradgeschaltete Deutz-Baumuster T 25 mit acht Vorwärts- und zwei Rückwärtsgängen. Der 238 bot ebenso wie sein größerer Bruder Motorzapfwelle, Doppelkupplung und eine ölhydraulische Turbokupplung, im Gegensatz zu diesem aber keine Frontzapfwelle. Bis zum Auslaufen der Fertigung und gleichzeitigem Ende von Porsche-Diesel 1963 verließen immerhin noch 3.400 Traktoren die Werkhallen.

Schlüter Dieselschlepper S 35

Im Rahmen der Umrüstung auf ZF-Triebwerke kam es 1961 bei den Freisinger Schlüter-Werken zu einer Modellumstellung. Denn die bislang verwendeten Hurth-Getriebe waren den drehmomentstarken Schlüter-Motoren nicht mehr gewachsen. Hinzu kam die Tatsache, dass die Einstellung der Getriebefertigung bei Hurth bereits beschlossene Sache war. Während die Typen S 20 und S 25 noch mit ZF-Schubradgetrieben ausgestattet wurden, erhielten die stärkeren Modelle moderne Gruppengetriebe mit Klauenschaltung aus der ZF-Baureihe A 200. Diese einheitlich mit acht Vorwärts- und vier Rückwärtsgängen ausgestatteten Getriebe erleichterten die Schaltvorgänge erheblich und minderten zugleich den Verschleiß der Zahnräder, während das Gruppenkonzept zugleich eine im Vergleich zu früher höhere Zahl von Gängen bei einer vertretbaren Baugröße ermöglichte. Dieses war auch bei dem A 210-Triebwerk der Fall, das in den S 35-Schlepper installiert wurde und sowohl als Standardgetriebe mit 20 km/h als auch in einer schnelleren Version mit maximal 28 km/h erhältlich war. Der Antrieb dieses Fahrzeugs erfolgte durch den mit 3.012 Kubik recht volumenstarken Zweizylinder-Direkteinspritz-Diesel ASM 303 mit Wasserumlaufkühlung und zwei Kurbelwellenlagern. Dieser erzeugte 38 PS bei 1800 Touren. Eine unabhängige Zapfwelle mit Doppelkupplung, eine leistungsfähige Dreipunkthydraulik mit 850 kg Hubkraft an der Ackerschiene, Frontlader, Druckluftbremsanlage, Fritzmeier-Allwetterverdeck und weiteres Zubehör gab es bereits werkseitig oder gegen Aufpreis. Der S 35 war ein kraftvoller Schlepper der oberen Mittelklasse, von dem 400 Exemplare während seiner nur bis Mai 1962 währenden Produktionsdauer gefertigt wurden.

Der Fendt 225 GT war der dritte Geräteträge von Fendt. Er wurde von 1961–1965 gebaut. Foto: P. Böhlke